新 環境と生命

[改訂2版]

及川紀久雄　編著

今泉　洋

北野　大

村野健太郎　共著

三共出版

まえがき

　人類が住む地球は，46 億年前に太陽の惑星として誕生した。地球に生命の兆しが現れて 40 億年，人類が誕生したのが 40 ～ 50 万年前である。その頃は人をはじめ数百万種の多様な生物が満ちあふれていた。

　ところが，いまから 250 年前の 18 世紀後半からイギリスで石炭エネルギーと蒸気機関を動力源とする産業構造の変化，いわゆる農業から工業化への産業革命が始まった。石炭や石油などの化石燃料を大量に使いだし，亜硫酸ガスや金属成分を含んだばい煙を大気中に排出し，地球環境を汚染し続けた。

　そしていま，地球は亜硫酸ガスやばい煙だけでなく温室効果ガスである二酸化炭素，メタン，一酸化二窒素で地球温暖化が深刻な状況にまでなってきた。また人間が作り出したフロン類は，高度 15 ～ 30 km の成層圏まで上昇し，地球上の生物の命を有害紫外線から守ってくれるオゾン層の破壊を進行させた。

　食料生産と工業生産活動は森林や自然環境の破壊を拡大させ，さらに都市や工業地域への人口集中と汚染水の放流は河川や湖沼，海域の汚染を深刻化させ，多くの生物を消失へと導いた。また，新型コロナウイルス（COVID-19）感染が 2019 年 12 月に中国・武漢市で発生が確認されてから瞬く間に世界中に感染が広がり，さらにその変異株（オミクロン株）の異常なる猛威も重なり，世界の感染者数は 2022 年 1 月で 3 億 4 千万人にも及んでいる。人々の健康はもちろんのこと経済と社会システムに大きな変化をもたらしている。

　新技術の著しい開発と発展，多くの化学物質の創生ともの作りは，私たちの生活を豊かにし，便利にしている一方で，農薬を含む種々の化学物質は地球レベルで拡散し，人間の健康被害だけでなく生態系にも多様な影響を及ぼしている。人の生命の尊さと同じように，自然の生物の生命の大事さ，自然との共生，生物多様性を忘れた人間の活動は，生態環境に大きな負荷を与え続けている。

　国連の世界人口白書によると，2021 年の世界の人口は 78 億 7,500 万人に到達していると報告されている。しかし国連世界食糧計画（WFP）によると，食料が不足し年齢に応じた必要カロリーを摂取できない飢餓人口は 8 億 1,100 万人にも達している。飢餓の原因は洪水，干ばつ，地震・津波などによる自然災害，紛争，慢性的貧困などである。貧困国と富裕国の格差，発展途上国における貧困層と富裕層の格差はますます大きくなりつつある。また貧困国には環境衛生と病気，水ストレスなど多くの課題がある。

　20 世紀は科学技術の革新的進歩はものの生産技術と産業形態を変貌させた。コンピュータや通信技術の変革，デジタル技術の日常化，いわゆる IT 革命という情報化が進展した。さらに人，ものの流れ，情報，経済のしくみのグローバル化のスピードは誰もの予測をはるかに越えるものであった。私たちは 24 時間携帯電話を離すことなく持ち，インターネットによる世界の情報をリアルタイムに入手し，その情報を仕事に生かし，それに応

じてライフスタイルも大きく変化した。しかし一方では，1955年頃から1975年頃までの高度経済成長期は，大量生産，大量消費，大量廃棄，そのためのエネルギー消費は上昇した。石油や石炭，天然ガスなどエネルギー資源の急速な枯渇の道を歩み，拡大する環境汚染，自然破壊の世紀でもあった。この負の遺産を21世紀へ引渡すこととなった。

前世紀の負の課題を解決すべく，21世紀は環境を軸に据えたあらたな環境評価観をもった社会の形成，その1つ低炭素社会の構築を歩み始めた。その途上，2011年3月11日マグニチュード9.0を記録する東北地方太平洋沖地震と巨大津波が発生，その後の大きな余震も続き「東日本大震災」と名付けられた未曾有の大規模地震・津波災害となった。死者・行方不明者合せて約2013年1月現在で2万883人，建築物の全壊・半壊が35万戸以上にも及んだ。そして東京電力・福島第一原子力発電所が大きく損壊して炉心溶融（メルトダウン）が起こり，セシウム134，セシウム137，ヨウ素131などの放射性物質が，大量に環境中に放出され大きな人的・物理的被害が発生した。

電力エネルギーは，原子力発電から太陽光発電，風力発電，バイオマス発電，マイクロ水力発電などの自然エネルギーを利用した再生可能エネルギーへと大きく舵をとっている。また2050年には温室効果ガスの排出を全体としてゼロとする「2050年カーボンニュートラル」政策がわが国だけでなく世界的潮流として加速している。

大規模地震・津波災害の復興に最新の科学技術，食料生産技術が使われ，一層の技術革新が進められよう。たとえばエネルギー技術，遺伝子技術，ロボット技術，自然災害の制御技術，省エネ・資源循環ナノ技術，健康維持や病気回復のための新技術など，そのための新しい産業も立ち上がるであろう。

本書はこのような背景のもとに，2004年に三共出版から「環境と生命」を発刊し，好評を得て版を重ねた。またその後の環境を取り巻く社会構造の変化を捉えつつ，環境基準の改正など種々報告などから新しいデータを加え2012年に「新環境と生命」に名称を改めた。その後改訂を重ね2022年版として「改訂2版」の発刊の運びとなった。

本書は環境を学ぼうとする自然科学系の学生だけでなく，社会科学系の学生，また社会人にも広く理解できるように配慮し記述したが，ことに理解を必要とする項目や用語についてはコラム欄を多用し解説につとめた。

本書を記述するにあたり，多くの文献，著作を参考，また引用させていただいた。改めて心から御礼申し上げる。

また，執筆，編集にあたり暖かいお力添えをいただいた三共出版の秀島 功氏に感謝申し上げる。

2022年1月　白い世界に包まれて

著者を代表して

及川　紀久雄

目　　次

5　大気環境の現状

6　土壌環境と生態系

7　化学物質の生産と安全管理

序
地球上の生命と環境

　水惑星・地球の誕生以来 46 億年，いま地球には，人をはじめ数百万種の多様な生物が満ち溢れている。しかし，自然との共生に配慮しない人類の活動は，多くの動植物を消える運命に追いやっている。

生命の創成

　46 億年前，水惑星である原始地球が誕生した。このときの海は溶岩が溶け，煮えたぎったマグマに覆われていた。それから数億年，冷えた地表に雨が降り出し，やがて原始の海はアミノ酸をつくりだすシアン化水素，ホルムアルデヒドに満ち，海底からは噴火によ

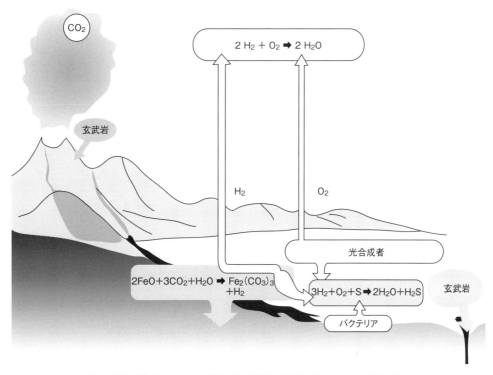

CO_2

$2 H_2 + O_2 \rightarrow 2 H_2O$

玄武岩

H_2　　　　O_2

光合成者

$2FeO+3CO_2+H_2O \rightarrow Fe_2(CO_3)_3 +H_2$　　$3H_2+O_2+S \rightarrow 2H_2O+H_2S$　　玄武岩

バクテリア

図1　始生代（37〜25億年前）初期の生命バクテリアが現われた
（ジェームズ・ラブロック（松井孝典訳），『ガイア−地球は生きている−』，産調出版（2003）を参考にした）

り硫化水素が吹き出した猛毒の世界に変わった。そしてアミノ酸であふれた海から生命が生まれた。シアン化水素などの猛毒物質に満ちた原始の海で，塩基と糖が，そして海底噴火で吹き出したマグマからリン酸が供給され，この3つの素材が次々とつながりヌクレオチドが，やがてRNAができ，そのRNAがアミノ酸を次々かき集めてたんぱく質をつくりだし，その分子が原始生命の創成につながって行った。原始の海にシアノバクテリア，硫黄細菌，硫酸還元菌などの誕生に始まった生命は地球とともに，はるかな旅をつづけ，進化を遂げながら多くの種類の生命を生み，時には絶えた。そして生命はまた地球の環境を変え，さらなる生命の進化と環境変化をつづけながら，新たな生命を次から次へと創成してきた。

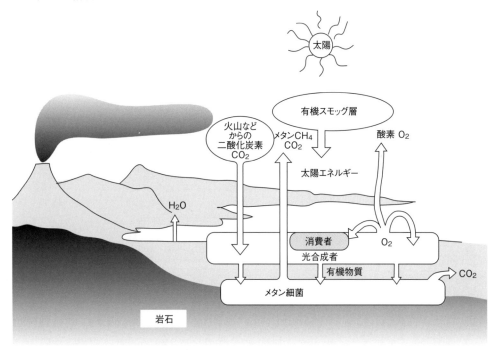

図2　光合成者とメタン細菌は CO_2 とメタンをつくり，大気の上層に有機スモッグ層を形成させ温室効果と現在のオゾン層の役目をした
（ジェームズ・ラブロック（松井孝典訳），『ガイア－地球は生きている－』，産調出版（2003）を参考にした）

生命の多様性

　地球が生命を育み，生命が環境を変えながら，地球上の生物は進化し，動植物の種類は，いまでは300万種にも及ぶとされている。しかし，分類学的に認知されていないもの，これから見つかるであろう生物種を加えると，800〜2,000万種にも及ぶと見られている。地球上のすべての生物は，お互いに複雑で精巧なシステムの中でバランスをとって生命を育んでおり，このバランスは何十億年もかかってつくられたものである。いわゆる個々の生物種は遺伝子，種，生態系という3つのレベルでの多様性に守られながら

生命を維持し，育んできた。

生物の多様性の危機

　46 億年のはるかなる旅の中で次々と新しい生命が生まれ，育まれてきた。しかし生物は，いま，5,000 種以上の動物，3,300 種の植物が，この地球から消え去ろうとしている。なぜだろう。これまでに地球の自然的な気候変動などによって，恐竜はじめ多くの種が絶滅してきた。現在多くの動植物が直面している絶滅の危機は，人間の活動結果によるもので，これまでの自然現象に由来するものと異なるのである。人間は，太陽，大気，水，大地，動植物などとともに自然を構成し，自然から恩恵とともに試練を受け，それらを生かす事によって，文明を築き上げてきた。ところが人間は，いつの日からか，文明の向上を追うあまり，自然の尊さを忘れ，自然の仕組みと，動植物を含む自然との共生を軽んじ，資源を浪費し，自然との調和を損なってきた。人口増加，人口の都市集中，耕地面積や居住・生産活動面積の拡大に伴う森林の伐採，狩獣，自然作物の乱獲による生息環境の破壊など人間の行為が動植物を絶滅へと追いやっているのである。

地球・自然との共生〜環境の世紀〜

　人々は生活のために，活動のために自然との共生を忘れ，ものをつくり，消費し，廃棄してきた。その結果自然は破壊され，地球温暖化やオゾン層破壊，酸性雨などの問題，そしていままで自然界になかった多くの化学物質を作り，それによる深刻な汚染が，人々だけでなく動植物に被害をもたらした。いまや地球のもっている浄化・回復能力の限界を超えていると指摘されている。

　地球誕生以来，45 〜 46 億年のはるかな旅のなかで豊かな生命が進化しながら育まれてきた地球，その地球がイースター島の悲劇の再来に近づいているのである。もはや人類にとっても，動植物にとっても一刻の猶予もない，深刻な環境状況に歯止めをかけなければならない。

　そのためには資源やエネルギーのより一層の効率的な利用と資源の保全の研究，そして資源循環利用システムの開発推進である。いままで我々は多くの科学の英知を駆使し，新しい技術を開発し，製品を生み出し産業を活性化し，豊かな消費生活を享受してきた。新たな技術だけでなく，その過程において，生かしきれなかった数多くの技術や思考も，資源循環型の 21 世紀を築くための知的財産として使用されるなら，すばらしい世界が切り開かれよう。

　石油や石炭，天然ガスなどの化石燃料，鉄や銅，多くの貴金属などの鉱物は，いつかは枯渇する有限資源（図 3，表 1 参照）である。またこれらの資源の利用過程において多くの環境汚染を招来し，動植物と人間に被害を及ぼした。

4

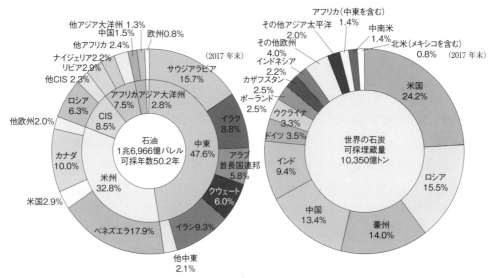

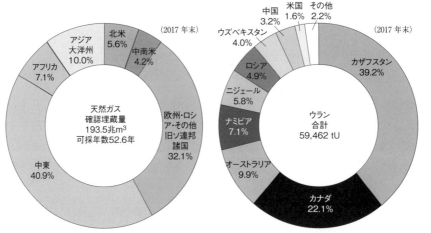

出典：BP「Statistical Review of World Energy 2018」

出典：BP「Statistical Review of World Energy 2018」

出典：BP「Statistical Review of World Energy 2018」

出典：OECD/NEA-IAEA「Uranium 2018」

(注) 確認可採埋蔵量は，存在が確認され経済的にも生産され得ると推定されるもの
　　 ％の合計が100に合わないものは四捨五入の関係

図3　世界の石油，石炭，天然ガス，ウランの確認可採埋蔵量
(経済産業省資源エネルギー庁，「エネルギー白書 2019」)

$$可採年数 = \frac{確認可採埋蔵量}{年間生産量}$$

BP 統計：BP（British Petroleum）本社がロンドンにあるイギリス最大の石油会社の統計

　これらの片道のエネルギー消費から，太陽や風力の自然エネルギーの利用，産業廃棄物からのバイオマスエネルギーの産出，廃プラスチックからの新たなエネルギーやプラスチックの生産，農産物の廃棄物からバイオマスエネルギーやバイオプラスチックや飼料，堆肥の生産など資源循環型社会の構築が急速に進んでいる。
　・・・・・・豊かで美しい自然と共生し，安全で，健康で安心な人類社会が何世代も，

表 1　おもな鉱物資源の生産量・埋蔵量など

元素名	生産量[†] (1000 t)	埋蔵量 (1000 t)	耐用年数 (年)	主な産出国[††]	総鉱物資源量 (10^6 t)
アルミニウム	68,000	23,000,000	338	ギニア 23 %,ベトナム 18 %,オーストラリア 17 %	2,819,000
金	3.0	54.0	18	オーストラリア 20 %,ロシア 13 %,南アフリカ 9 %	0.14
インジウム	0.92	2.60		（中国 58 %,韓国 22 %）[††]	3.47
鉄	1,400,000	65,000,000	46	オーストラリア 29 %,ブラジル 18 %,ロシア 16 %	1,733,000
鉛	4,300	90,000	21	オーストラリア 41 %,中国 20 %,ペルー 7 %	451
クロム	41,000	1,400,000	45	カザフスタン 40 %,南アフリカ 35 %,インド 18 %	3,467
コバルト	170	7,600	45	コンゴ 46 %,オーストラリア 18 %,インドネシア 8 %	867
銅	21,000	88,000	42	チリ 23 %,オーストラリア 11 %,ペルー 9 %	1,907
銀	24	530	22	ペルー 23 %,オーストラリア 17 %,ポーランド 13 %	2.43
ストロンチウム	360	6,800	19	（スペイン 42 %,イラン 25 %,中国 22 %）[††]	1.30
チタン	9,000	750,000	83	中国 61 %,オーストラリア 25 %,インド 12 %	152,600
マンガン	20,000	800,000	40	南アフリカ 43 %,ブラジル 18 %,オーストラリア 18 %	32,900
水　銀	2.3	130	57	（中国 87 %,タジキスタン 7 %）[††]	2.77
亜　鉛	13,000	250,000	19	オーストラリア 28 %,中国 18 %,ロシア 9 %	2,427

〔注〕 † ：生産量は 2021 年の推定値。†† ：（　）内は生産国。
〔出典〕 WBMS, Mineral Commodity Summaries, 国連エネルギー統計，他
　　　　（エネルギー・資源学会編，『エネルギー・資源ハンドブック』，オーム社（1996 年）を参考にした）

何世代も永遠につづくために・・・・

■ 参考文献

1) リチャード・フォーティ（渡辺政隆訳），『生命 40 億年全史』，草思社（2003）.

2) ジェームス・ラブロック（松井孝典訳），『ガイア—地球は生きている—』，産調出版（2003）.

3) NHK 取材班，『生命 40 億年はるかな旅　第 1 巻　海からの創成』，NHK 出版（1997）.

4) 及川紀久雄編著，北野大・篠原亮太，『低炭素社会と資源・エネルギー』，三共出版（2011）.

1
地球の構成と生物圏

　太陽系には地球を含めて8つの惑星がある。地球は太陽に3番目に近い惑星で，金星と火星の中間に位置する。地球の概要を表1-1に示す。地球は太陽系で5番目に大きな惑星であり，また，最も密度が大きい。地球の誕生は46億年前であり，金星や火星と同じ起源と組成を有すると考えられている。しかし，地球の大気の組成は金星や火星とは異なっている。また，海も存在しており，その結果として地球に生命が誕生した。これは地球の太陽からの距離や大きさ，密度などが，生命の誕生にふさわしかったためと考えられている。生命の誕生は40億年前といわれている。

表1-1　地球の概要

太陽からの距離	1.496×10^8 km
赤道半径	6.378×10^3 km
質　量	5.974×10^{24} kg
密　度	5.52 g/cm^3
陸地の面積	1.49×10^8 km^2
海洋の面積	3.61×10^8 km^2
陸地の平均高	470 m
海洋の平均深度	3,795 m

　地球の表面部分は，大気，水，岩石などからなり，各々，大気圏，水圏および岩石圏とよばれる。また，生命が活動をしているところは生物圏とよばれ，生命の誕生以来，地球環境にたいして水，森，生物にとって適切な大気環境，温室効果ガスの生成，オゾン層の形成など大きな役割を果たしてきている。そして数百万種の多様な生物の世界をつくり，また多くの石油，石炭，天然ガスなどのエネルギー資源を創生した。

　本章では，まず，地球の構成について概要を述べ，次に，地球における物質の循環について述べる。そして，生物の相互関係や地球環境との関わりに言及し，生命圏としての地球を考える。

1-1　地球の構成

1-1-1　大気圏と大気の組成
地球を取り巻いている大気の存在する部分，すなわち，地上1000 km程度までの範囲

を大気圏（atmosphere）または気圏，その外側を外気圏（exosphere）という。大気圏は地表面から順に対流圏（troposphere），成層圏（stratosphere），中間圏（mesosphere），熱圏（thermosphere）に分類される（表1-2）。

表1-2　大気圏の構造

高度 (km)	区 分	特　　徴
500 ～ 1000	外圏 (外気圏)	原子などが大気圏から逸脱 バンアレン帯（高度 200 ～ 400 km，12000 ～ 20000 km）
85 ～ 500	熱圏 (電離層)	太陽の輻射，宇宙からの高エネルギー粒子による温度の上昇 イオンの形成 複数の電離層の存在 　E 層（高度 100 ～ 120 km，中波を反射） 　F_1 層（高度 170 ～ 230 km, 短波を反射，昼間に出現） 　F_2 層（高度 200 ～ 500 km，短波を反射） 　F 層（高度 300 ～ 500 km, 短波を反射，夜間に出現） 夜光（発光層）（高度 100 km） オーロラ（高度 100 ～ 1000 km） 流星（高度 70 ～ 140 km）
50 ～ 85	中間圏	気温が高さと共に減少 高度 80 km 付近で夜光雲の発生による発光現象 D 層（高度 70 ～ 80 km，短波を吸収し長波を反射，昼間に出現）
(8 ～ 12)～ 50	成層圏	気温は高度約 35 km まではほぼ一定 空気の対流がおこりにくい 高度約 35 km 以上では気温は高さと共に増加 オゾン層の存在（高度約 15 ～ 30 km）
地表～(8 ～ 12)	対流圏	大気圏の全質量の 75 ％を占める 空気の大気の組成はほぼ一定 気温が高さと共に減少（約 6.5 ℃/km） 空気の対流が起こりやすく，熱や水蒸気が上空に運ばれる 気象現象が現れる

　大気を構成する主要な成分と組成を表1-3に示す。地球が誕生したころの大気中には酸素はほとんどなく，現在よりもはるかに多くの二酸化炭素があったと考えられている。酸素は大気中の水蒸気が太陽の紫外線で分解されて生成したもので，その濃度は現在の 10^{-4} 以下と考えられている。その後，生物が誕生し，植物の光合成により大気中の酸素が増加した。二酸化炭素については，地球誕生後，その大部分は炭酸塩として石灰岩などに取り込まれて固定されたり，海洋に溶け込んで植物性プランクトンなど海洋植物の光合成に利用されたりして減少した。大気中に存在する二酸化炭素は，太陽の熱を保持することにより地球の表面温度を適温に保ち，生命の誕生や生存を可能としてきている。

表 1-3　大気の組成

成　分	体積比(%)	成　分	体積比(%)
窒素分子	78.088	メタン	1.4×10^{-4}
酸素分子	20.949	クリプトン	1.14×10^{-4}
アルゴン	0.93	一酸化二窒素	5×10^{-5}
二酸化炭素	0.04	水素分子	5×10^{-5}
一酸化炭素	1.2×10^{-5}	オゾン	2×10^{-6}
ネオン	1.8×10^{-3}	水蒸気	$1 \sim 2.8$
ヘリウム	5.24×10^{-4}		

1-1-2　水と水圏

　水圏とは，海，湖沼，河川，地下水など，地表面近くにおいて水が占有している部分を意味する。地球の表面の 70.8 ％は水で覆われており，その大部分は海である。

　地球上の水の量を図 1-1 に示したが，その総量は約 14 億 km^3 である。そのほとんど（約 94.5 ％）が海水である。淡水は約 2.53 ％で，この淡水の大部分 69 ％は南極や北極の氷や氷河として存在し，地下水，河川水，湖沼水などとして存在する淡水の量は，地球上の水のわずか 0.77 ％であるが，この内 0.76 ％は地下水として存在する。私たちが淡水として利用できるのはわずか 0.01 ％である。地球は水の惑星とも言われるが，私たちが利用できる水はきわめて限られていることがわかる。

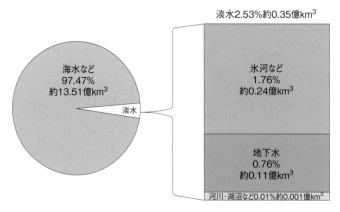

図 1-1　地球上の水の量 （13.85 億 km^3）
(国土交通省，「日本の水資源の現状　平成 27 年版」の数値を参考に図作成)

1-1-3　水の循環

　地球では，水は気体，液体および固体で存在している。水は太陽エネルギーにより地表や海面などから蒸発したり，植物から蒸散したりして大気中に移動する。大気中では，水は水蒸気として輸送され，エアロゾルや雲などとして存在する。さらに，他のエアロゾルを吸収し，降雨として地表に移動し，一部は地下水となる（図 1-2）。こうした過程において，水は多くの無機成分や有機成分の運搬も行っている。

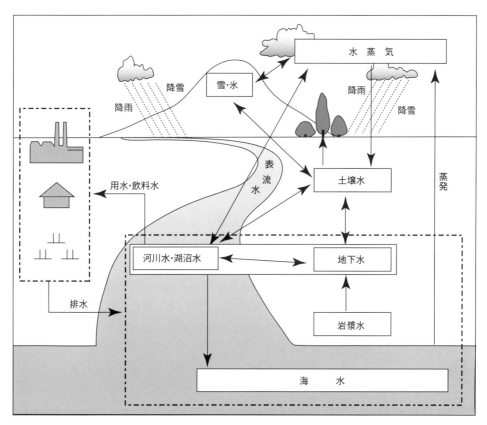

図1-2　水の循環

　水は生物を構成する主要な成分でもある。生物の進化においても重要な役割を演じて
きた。多くの生物は水を体内に取り込むと同時に対外に排出している。このように，水
は常に循環しており，地球における物質の循環や生命の存在において重要な役割を担っ
ている。

1-1-4　海　　洋

（1）海洋と資源

　海洋（海）とは海水をたたえている地球表面の凹地で，しかも全体がひと続きになっ
ている部分をいう。海洋は水圏の大部分を占め，面積は $3.61 \times 10^8 \, \mathrm{km^2}$ である。また，
深さは最深で $10,920 \, \mathrm{m}$（マリアナ海溝），平均で $3,795 \, \mathrm{m}$ である。海は約 40 億年前（先
カンブリア時代）にはできていたと考えられている。

　海水の主な成分組成を表1-4に示す。海洋は海水自体が資源であり，魚介類などの海
洋生物資源やマンガン，コバルト，ニッケルなどの鉱物資源など様々な資源を有してい
る。さらに近年海底に分布する燃える「氷」と言われるメタンハイドレート（methane
hydrate）が新エネルギー源として注目されている。海洋生物資源については安定した漁
場の確保や開発が行われてきた。また，これまで利用されていなかった魚介類や鉱物資
源などの活用も図られている。さらに，海水揚水発電や波力エネルギー発電の活用など，

表1-4　海水の組成

成分		濃度(g/kg)	成分		濃度(g/kg)
ナトリウムイオン	Na^+	$10.5 \sim 10.8$	炭酸イオン	CO_3^{2-}	0.018
マグネシウムイオン	Mg^+	$1.29 \sim 1.30$	臭化物イオン	Br^-	0.065
カルシウムイオン	Ca^{2+}	$0.40 \sim 0.41$	フッ化物イオン	F^-	0.0013
カリウムイオン	K^+	$0.38 \sim 0.39$	ヨウ化物イオン	I^-	0.00006
塩化物イオン	Cl^-	$19.0 \sim 19.4$	二酸化ケイ素（溶存）	SiO_2	0.006
硫酸イオン	SO_4^{2-}	$2.65 \sim 2.71$	ホウ酸	H_3BO_3	0.026
重炭酸イオン	HCO_3^-	0.14			

電力のエネルギー源としての活用も期待されている。その一方で，廃棄物の投棄なども行われており，海洋汚染の防止や自然環境の保護とともに，国際的な視野にたった長期的な海洋開発が求められている。

(2) 海洋深層水

海洋深層水とは，陸棚外縁部よりも深い海に存在する海水の総称である。海洋資源のうち，最近，注目を集めている。海水の表層部は太陽の熱で温められ，冬季などには冷やされているため，水深200 m付近までの海水は垂直方向に混合が生ずる。一方，北極や南極で冷やされた海水は表層部の海水に比べて比重が大きいので海洋の下部（深層）に移動する。そのため，表層の海水と深層の海水は混合せずに両者が層状になって存在していると考えられている。

深層水は地球を循環している。その起源である北大西洋のグリーンランド付近と南極付近のウェッデル海では，冬季に冷却された表層水が沈降し，3,000 m以下の深層を極めて低速で海洋を循環している。こうした深層水が北太平洋に達するには約1,000年を要すると推定されている。

水深がおおむね200 m以上では太陽光線が海水に吸収されるため，植物プランクトンによる光合成が行われない。そのため，有機物の分解が進行し，無機栄養塩が蓄積されている。また，深層の海水は，河川などの影響をほとんど受けないと考えられる。

以上のように，海洋深層水は低温で清浄であり，しかも無機栄養塩に富んでいるなどの特徴を持つ。そのため，魚介類などの培養・飼育に利用されているほか，淡水と塩を製造して飲料，食品，化粧品，医薬品などに利用されている。さらに発電への利用なども研究されている。今後，さらに多量に利用されるものと考えられているが，環境保全の観点から，海洋深層水を大量に揚水した場合に環境に与える影響についても十分配慮する必要がある。

1-1-5　地球の内部構成と岩石圏・土壌圏

(1) 岩石圏と地球の内部構成

地球の表層部の岩石でできている部分を，水圏，大気圏に対して岩石圏（lithosphere）または岩圏と称する。岩石圏は地表から地下100 kmまでをさすことが多い。岩石圏には多くの地質資源が存在する。岩石圏の下部約300 kmの範囲を岩流圏（asthenosphere）

表 1-5 地球の内部の構成

名　称	地表からの距離(km)	状　態	主要構成成分
地　殻 (Earth's crust)	0～35 地殻の厚さ： 　　大陸 20～60 　　海洋 5～8	固　体	SiO_2(55.2 %), Al_2O_3(15.3 %), CaO(8.80 %), FeO(5.84 %), MgO(5.22 %) など
上部マントル (upper mantle)	35～400	固　体	SiO_2(45.83%), MgO(43.41 %), FeO(6.90 %) など
遷移層 (transition zone)	400～700		
下部マントル (lower mantle)	700～2,900		
外　核 (outer core)	2,900～5,150	半固体	Fe, Ni, Si
内　核 (inner core)	5,150～6,370	固　体	

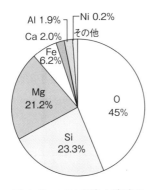

図 1-3　コアを除く地球の
元素組成
(『理科年表』のデータを基に作製)

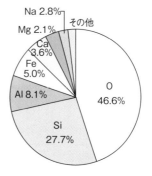

図 1-4　地殻の元素組成
(『理科年表』のデータを基に作製)

と称する。

　地球の内部の構成を表 1-5 に示す。地球の内部は，地殻（Earth's crust），マントル（mantle），外核（outer core），内核（inner core）などからなる。地球の内部構造の観点からは，岩石圏よりも地殻（地表から地下 40 km の範囲）のほうが意味を持っている。コアを除く地球の元素組成を図 1-3 に，また，地殻の元素組成を図 1-4 に示す。

（2）土 壌 圏

　地殻の表面の深さ 1 m 程度を特に土壌圏とよぶ。土壌とは，風化作用などで破砕された岩石の粒子と植物由来の腐植が混合したものをいう。土壌圏は，太陽エネルギーや水，無機および有機の栄養分を貯蔵するとともに，不純物を濾過する機能などを持つ。土壌圏では微生物を含む種々の生物が生活しており，森林や農作物を育む。土壌圏で生み出された植物資源などはバイオマスとしても今後の活用が期待されている。土壌圏は，生

命や環境の観点から水圏や大気圏とともにきわめて重要である。

1-2 生　　物

1-2-1　生物多様性

生物は約 38 億年前の誕生以来，より複雑で，より環境に適したものへと進化してきた。その過程で，多様な生物種が誕生した。生命の遺伝情報は DNA に書き込まれているが，その情報はバクテリアのような単純な生物からヒトまでほぼ同一である。すなわち，生物は生化学的に一様性をもつ一方で，形態的には多様性も有している。DNA は正確な自己複製機能をもっているが，きわめて低い確率で突然変異が生じる。こうしたなかから，少しずつ異なった遺伝情報を持つ生物が生まれ，次第に多様化してきたと考えられる。生物多様性には，遺伝子の多様性，生態的な多様性，種の多様性などがある。現在，分類され種名がつけられている生物は約 175 万種といわれている。生物多様性については「15 章　命を支えあう生物多様性」で詳しく述べる。

1-2-2　生物種間の関係

（1）食物連鎖

自然界に存在する様々な生物のうち，一部の植物は太陽エネルギーを利用して光合成によって無機物から有機物を生産している。一方，これらを体内に取り入れることにより生きている生物がいる。草食性の動物がその例である。さらに，こうした動物を捕食して生きている肉食性の動物がいる。例えば

$$\boxed{緑色植物} \rightarrow \boxed{草食動物} \rightarrow \boxed{小型肉食動物} \rightarrow \boxed{大型肉食動物}$$

という関係がある。このように生物間では食べられる生物（生産者；producer）と食べる生物（消費者；consumer）との関係が連鎖状に続いている。これを食物連鎖（food chain）という。

食物連鎖の始まりは通常，植物であり，一般に食物連鎖の上に位置する動物ほど大型で個体数が少なくなる。食物連鎖では，光合成を行う植物は生産者にあたり，動物は消費者となる。直接植物を食べる草食動物を第 1 次消費者，草食動物を食べる動物を第 2 次消費者，第 2 次消費者を食べる動物を第 3 次消費者と分類する場合もある。

実際には，多くの動物は複数の生物を食べたり，動物によっては季節や成長の段階によって異なる生物を食べるものもある。したがって，食物連鎖は 1 本の鎖ではなく，相互に複雑につながったり交差したりしている。こうした関係を食物網とよぶ。

（2）生食連鎖と腐食連鎖

食物連鎖を生食連鎖と腐食連鎖とに分類することがある。生食連鎖は（1）で述べた連鎖に相当する。一方，腐食連鎖は生食連鎖で使われなかった物質，例えば落ち葉，小枝，

根，幹，動物の遺骸などが，細菌や菌類などの分解者（decomposer）によって分解される連鎖である。この過程において，複雑な有機物はより単純な有機物から無機物に変化していく。無機物は植物に利用されることにより，再び生食連鎖に連なってゆく。

（3）食物連鎖と生物濃縮

　生体内に特定の元素や化合物が取り込まれた場合，生物によってはこれらを代謝により体内に蓄積する。また，分解や排出ができないために体内に蓄積する場合もある。その結果，こうした元素や化合物の濃度が環境中よりも生体中で高くなる。これを生物濃縮（bioaccumulation）という。例えば，昆布はヨウ素を濃縮し，ホヤはバナジウムを濃縮することが知られている。

　生物濃縮が食物連鎖を経て繰り返される場合には，食物連鎖の上位にある生物ほど高濃度に凝縮する（食物連鎖による生物濃縮）。例えば，食物連鎖を通じて水銀がマグロに濃縮されたり，ジクロロジフェニルトリクロロエタン（DDT），ヘキサクロロシクロヘキサン（HCH）などの有機塩素系農薬や PCB がアザラシなどに濃縮される例が報告されている。化合物によってはその代謝物が濃縮される場合もある。図1-5 に DDT の食物連鎖による生物濃縮の例を示す。

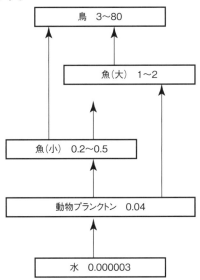

図1-5　DDT の食物連鎖による生体摂取の例（単位：mg/kg）

　こうした生物摂取を経て，生産者や下位の消費者には害を及ぼさなかった物質が生物濃縮という経過の中で，上位の消費者に致命的な障害を引き起こすことがある。例えば，メチル水銀やカドミウムなどが食物連鎖を経て人に摂取され，水俣病やイタイイタイ病が発生した。

1-3　生物圏と生態系

1-3-1　生物圏

　生物圏（biosphere）とは，地球を1つの生態系とし，生命活動の営まれる地球の表層を意味しており，生命が活動している大気，水，土壌などに及んでいる。生命は大気組成など地球の環境を変化させながら進化しつづけ，その結果，ウイルス，植物，動物など様々な種類の生命が誕生した。そして，他の生物や環境と相互に関連しながら盛衰し，地球の生物圏を築いてきた。

　生物は大気，水，土壌などと密接に関連して生命活動を行っており，他の圏に大きな影響を与えている。例えば，生物は光合成や呼吸，窒素同化などの活動を通じて，大気や海洋の組成を長期にわたってほぼ一定に保ってきている。また，岩石圏の風化や浸食にも，生物活動が影響を与えている。

1-3-2　生態系

　生物は大気，水，土壌といった環境と密接な関係をもって生命活動を行っているが，ある地域内における様々な生物と環境との関係を統合したものが，他の地域における生物と環境とを統合したものと独立していたり区別できるとき，これを生態系（ecosystem）という。生態系は，大気，水，土壌，さらに光や熱などの非生物的環境と，食物連鎖（または生食連鎖と腐食連鎖）における生産者，消費者および分解者の役割をする種々の生物から構成される。生態系は，物質循環やそれに伴うエネルギーの流れという役割を演じている。すなわち生態系は，いわば，ひとつの生物体として機能し，生き続けると考えられる。

　こうした生物と環境との関係を総合的に研究する学問を生態学（ecology）という。生

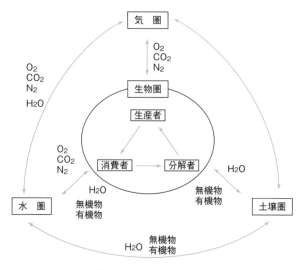

図1-6　生態系の構造

態系に人類を含めて研究する場合もある。また，地球全体を1つの生態系としてとらえ，地球環境と人間の活動を研究対象とする場合もある。

<h2 align="center">1-4　物 質 循 環</h2>

　ある物質や元素が生物と非生物的環境との間を循環することを物質循環という。特に，すでに述べた水の循環のほか，炭素，窒素，リンなどの循環が重要である。循環の過程で，物質や元素は物理的・化学的な形態をかえる。例えば，循環の過程で，水は気体，液体，固体と形態を変え，炭素や窒素は有機化合物や無機化合物に変わる。物質循環ではエネルギーの流れをともない，そのエネルギー源は太陽である。

1-4-1　炭素の循環

　炭素は地球の大気，海水や生命の起源にきわめて重要な役割を演じた元素で，地球の環境や生命活動においても不可欠な元素の1つである。炭素は炭水化物などの様々な有機化合物や二酸化炭素，炭酸塩などの無機化合物と形態をかえて生物と非生物的環境との間を循環している（図1-7）。これを炭素循環または炭素サイクル（carbon cycle）という。また，炭素はリン，硫黄，酸素など他の元素の循環にも大きな影響を与えている。

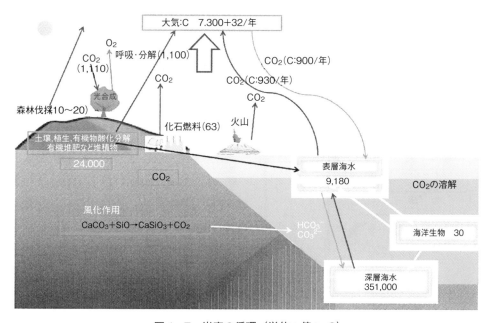

図1-7　炭素の循環（単位：億t-C）

　緑色植物（生産者）は太陽光の下で二酸化炭素と水から光合成（炭酸同化作用）によって酸素を生成するとともにブドウ糖などの有機化合物を作る。動物（消費者）はこれを食物として取り入れることにより，有機化合物は消費者に移動する。生産者も消費者も呼吸をすることにより，有機化合物が二酸化炭素に変化し大気中や水中にもどる。ま

た，生産者や消費者の排出物や動物の死がいなどは微生物（分解者）によって二酸化炭素にまで分解され，大気中や水中にもどる。

　海洋では，大気中に存在する量の約50倍もの炭素を蓄えており，巨大な炭素の貯蔵庫と言える。大気から海洋に取り込まれた二酸化炭素は，一部は解離してHCO_3^-やCO_3^{2-}と変化する（溶存無機炭素）。また海洋の表層では海洋の生物の植物プランクトンなど光合成によって溶存無機炭素の一部は有機物に変化する。また海洋の生物の死がいや排せつ物は溶存有機炭素や懸濁態有機炭素へと変化しながら海洋の中層・深海部へと運ばれる。

　なお，過去において分解されずに残った生物の死がいなどは，長い期間を経て石炭や石油などの化石燃料に変化した。人類はこれらを採掘して様々な製品を合成したり，燃料として利用してきた。これらの燃焼により，有機化合物は二酸化炭素に変化し，大気中に排出される。また，火山などの活動によっても，二酸化炭素が大気中に放出される。

1-4-2　窒素の循環

　窒素はタンパク質や核酸など生体の重要な化合物を構成する元素の1つである。窒素は窒素分子（N_2），硝酸塩，アンモニウム塩などの無機化合物やタンパク質，核酸などの有機化合物などに形態をかえて生物と非生物的環境との間を循環している。これを窒素循環または窒素サイクル（nitrogen cycle）という。図1-8に窒素循環の様子を示した。

　大気中では大部分が窒素分子として存在しているほか，アンモニア，一酸化二窒素，二酸化窒素などとしても存在している。水中では，窒素は生物起源である有機態窒素として存在すると共にアンモニア態（NH_3-N），亜硝酸態（HNO_2-N），硝酸態（HNO_3-N）

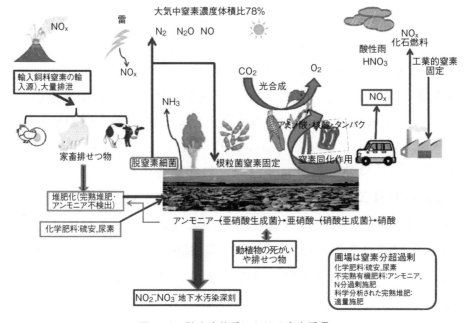

図1-8　陸上生態系における窒素循環

などの無機窒素として存在している。これらの窒素が過剰であると富栄養化の原因のひとつとなる。

　植物と共生しているリゾビウム（*Rhizobium*）属などの根粒菌，細菌のアゾトバクター（*Azotobacter*）属，ノストック（*Nostoc*），アナベナ（*Anabaena*）などの藍藻類は，代謝の過程で空気中の窒素（N_2）をアンモニアやアンモニウム塩などの化合物にかえる。これを窒素固定（nitrogen fixation）という。硝化菌はアンモニウム塩を硝酸塩に変える。一般に植物は窒素を直接利用できないため，窒素をアンモニウム塩や硝酸塩として取り入れ，光合成で得た炭水化物からアミノ酸やタンパク質などの窒素化合物を合成し，植物の体成分に変える。これを窒素同化（nitrogen assimilation）という。

　動物（消費者）が植物（生産者）を食べることにより，窒素化合物は消費者に移行する。消費者は窒素化合物を分解して尿素や尿酸として窒素を排出する。こうした排せつ物や生物の死がいは土壌中の微生物によって分解され，アンモニウム塩，そして硝酸塩となる。土壌中の窒素化合物の一部は，微生物の働きによって窒素となり，大気中に放出される（脱窒素作用; denitrification）。

　このような生態系のプロセスによって大気から固定化される窒素量と，硝酸態窒素が気体状の窒素に還元されて大気中に戻される窒素循環の量は，本来ほぼ均衡している。

　しかし，化学肥料の使用あるいは有機農業による農作物生産と農業の集約化の拡大によって大気中にはアンモニア，N_2 の拡散，河川水や地下水の HNO_3，HNO_2 の汚染，ま

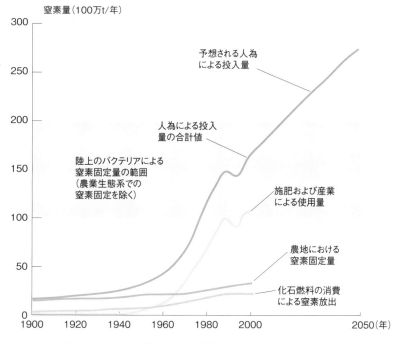

図1-9　人間活動による反応性窒素の生産量の経年変化
（環境省，「平成19年度環境・低炭素社会白書」）

た化石燃料の燃焼などによる NOx，NO，N₂O の排出など，人間活動により生態系に大量の固定窒素が蓄積されている。これらの窒素固定量は，陸上の生態系が自然に固定する窒素の量と同程度とも言われ，窒素循環の加速は将来的にはさらに増大すると予測されている。

　ミレニアム生態系評価によれば，生物多様性を損なう要因の1つとして窒素による汚染が挙げられている。環境中に蓄積された窒素は，形態を変化させながら，土壌，地下水，河川等を経て海へと流出し，その過程で湖沼や海域の富栄養化，底層の貧酸素化，地下水の硝酸汚染などを引き起こしている。ミレニアム生態系評価では，こうして生態系の中に過剰に蓄積された窒素が生物多様性に重大な影響を与える危険性が指摘されて

ミレニアム生態系評価（Millennium Ecosystem Assessment :MA）

　国連の提唱により 2001 年（平成 13 年）から 2005 年（平成 17 年度）にかけて行われた，地球規模の生態系に関する総合的評価。95 か国から 1,360 人の専門家が参加。生態系が提供するサービスに着目して，それが人間の豊かな暮らし（human well-being）にどのように関係しているか，生物多様性の損失がどのような影響を及ぼすかを明らかにした。これにより，これまであまり関連が明確でなかった生物多様性と人間生活との関係がわかりやすく示されている。生物多様性に関連する国際条約，各国政府，NGO，一般市民等に対し，政策・意志決定に役立つ総合的な情報を提供するとともに，生態系サービスの価値の考慮，保護区設定の強化，横断的取組や普及広報活動の充実，損なわれた生態系の回復などによる思い切った政策の転換を促している。

　ミレニアム生態系評価の報告書は，生態系サービスを以下の4つの機能に分類し，生物多様性の意義について紹介している。

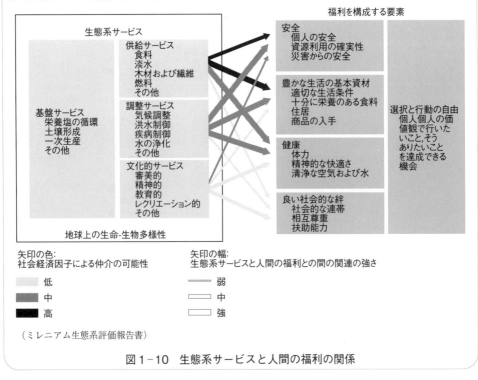

（ミレニアム生態系評価報告書）

図 1-10　生態系サービスと人間の福利の関係

いる。人間活動による反応性窒素の生産量の年ごとの変化について示しているのが図1-9である。

1-4-3　リンの循環

リンはデオキシリボ核酸（DNA : deoxyribonucleic acid），リボ核酸（RNA : ribonucleic acid），ATP（アデノシン三リン酸）などの構成元素であり，遺伝情報の伝達やエネルギー代謝などに重要な役割を演じている。また，細胞膜などの生体膜成分として重要なリン脂質や骨や歯などの構成元素でもある。

DNA は糖（デオキシリボース）とリン酸からできた鎖状分子にアデニン，チミン，グアニン，シトシンの4種の塩基が結合している。

	リン酸	糖	塩　基	
			プリン塩基	ピリミジン塩基
D N A	$HO-P-OH$（OH, ‖O）	デオキシリボース $C_5H_{10}O_4$	アデニン	チミン
			グアニン	シトシン

RNA は糖（リボース）とリン酸からできた鎖状分子にアデニン，グアニン，シトシン，ウラシルの4種の塩基が結合している。

	リン酸	糖	塩　基	
			プリン塩基	ピリミジン塩基
R N A	$HO-P-OH$（OH, ‖O）	リボース　$C_5H_{10}O_5$	アデニン	ウラシル
			グアニン	シトシン

リンは常温では固体で，天然では大部分がリン酸塩として存在している。気体として存在するのは PF_3 など限られた化合物であり，粒子として大気中に運搬されるが，滞留時間が短いため大気中における存在量は少ない。水中では種々の形態のリンが溶解性または懸濁性成分として存在する。

リンは岩石や堆積物中に存在し，これらの風化にともなってリン酸塩が放出される。その大部分は河川などにより海に運ばれて堆積する。したがって，炭素や窒素と異なり，リンは再循環しない元素と考えられている。

生物はリンを必要とするが，通常は限られたリンしか存在せず，生物の必要量に比べ不足しやすい。そこで，人類はリン鉱石を採掘し，化学肥料として使用してきた。これにより，農業生産が高まった一方，自然界のリン循環のバランスが崩れた。その結果，

例えば水中のリン濃度が高くなり，過剰となった湾内や湖沼などでは，窒素と共に富栄養化の原因のひとつとなっている。

■ 参考文献

1）国立天文台編，『理科年表（平成 23 年版）』，丸善（2011）.

2）T.G.Spiro，W.M.Stigliani（岩田元彦，竹下英一訳），『地球環境の化学』，学会出版センター（2002）.

3）鈴木款編，『海洋生物と炭素循環』，東京大学出版会（1997）.

2
人間と環境・食料

2-1　地球の人口定員

　総務省の統計によると，日本の 2021 年 12 月 1 日現在の総人口は 1 億 2,547 万人である。
国立社会保障・人口問題研究所の推計によれば 2005 年をピークに，以降人口減少が始ま
り，2050 年頃には 9,515 万人となり 1 億人の大台を割る。22 世紀の初めには 6,414 万人，
現在の人口の半分まで減少すると見られる。図 2-1 は 2020 年の国勢調査によるデータを
基にした令和 3 年度総務省「人口推計」であるが，人口 1 億 2,547 万人生産年齢人口割合
63.8 ％，高齢化率 23.0 ％である。また図 2-2 は 2019 年 10 月 1 日現在の人口統計を基に
したわが国の人口の年齢構造をピラミッドで表したものである。総務省統計局はこのピラ
ミッドについて以下のように説明している。

　「戦後の昭和 22 年から 24 年生まれの第 1 次ベビーブーム期と 46 年から 49 年生まれの
第 2 次ベビーブーム期の 2 つのふくらみが特徴的であり，その後は出生数の減少でピラミ
ッドの裾は年々狭まっている。第 2 次ベビーブーム期以降の出生数の減少傾向と死亡状況

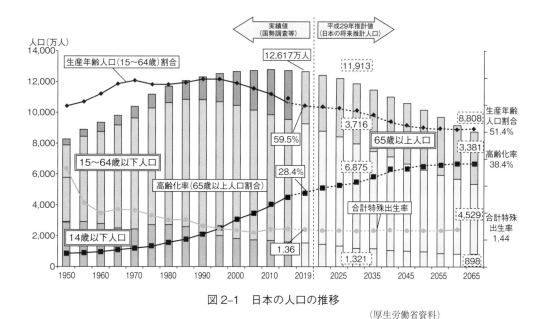

図 2-1　日本の人口の推移

（厚生労働省資料）

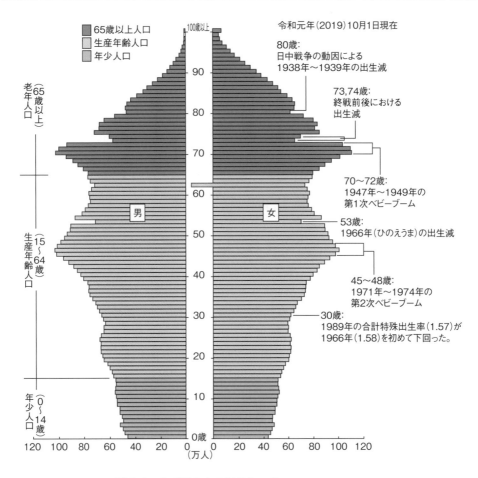

図 2-2　わが国の人口ピラミッド（総務省統計局資料）

の改善による高年齢層の増加から，0 〜 14 歳の年少人口割合は減少し，65 歳以上の老年
人口割合は増加しており，平成 9 年（1997 年）以降は老年人口が年少人口を上回ってい
る。令和 3 年（2021 年）は年少人口 11.8 ％，老年人口 28.8 ％となっている。また，15
〜 64 歳の生産年齢人口は平成 4 年（1992 年）をピークに減少しており，令和 3 年 7 月現
在の総人口に占める割合は 59.4 ％である。」

　その人口減少は北米，ＥＵ諸国，オーストラリア，ニュージーランドなどの先進諸国は日
本と同様，出生率・死亡率ともに低く，人口増加はしているもののゆるやかで，高齢化が
進んできている。その少子化の要因は複雑で定説はないが，晩婚化，非婚化，初産の高齢
化，晩産化などがあげられている。いわゆる高度経済成長期は結婚して男性が外で働き，
女性は家庭で子育てという性別役割が暗黙の中になされていたが，新しい経済社会構造
で女性の職業参画に懸念がなくなり，また女性の経済力も大きくなり，女性の求めるラ
イフコースが多様化しているところにもあるのかもしれない。さらに 1960 年代後半から
西ヨーロッパ地域で出生率が一斉に下がったきっかけは経口避妊薬「ピル」の普及も 1
つの要因と考えられている。避妊法の普及と人工妊娠中絶の合法化が妊娠・出産の選択

性を促進すると共に，女性が自らの妊娠・出産をコントロールできることが，女性の自立性と職場や社会での活動のアクティビティーを促し妊娠・出産の意識の多様化が進んだためとの考え方もある。それにしても仕事と子育ての両立ができるよう負担感を緩和し，安心して子育てができる職場などの環境整備と支援システムが求められる。

　国連の推計によれば 2019 年の世界人口は 77.1 億人で，2030 年には 85.5 億人，その後人口の増加率は 1 ％を割り，鈍化傾向が強くなり，2050 年には 97.4 億人になるとみられる。2100 年には 109 億人になると推定され，110 億人で人口増加が止ると予測されているが，エイズの世界的流行拡大，あるいはその予防や治療法の確立によって人口の予測は大きく変わる可能性がある。

　1804 年に 10 億人であった世界人口が，123 年後の 1927 年に 20 億人を越え，その後人口増加が急カーブで大きくなり，1960 年に 30 億人，1974 年に 40 億人，1987 年に 50 億人，そして 1999 年に 60 億人，2008 年は 67.5 億人，2019 年には 77 億人に達した。

　一方，発展途上国の世界人口に占める割合は 1950 年では 68 ％であったが，高出生率，医療の浸透などによる死亡率の低下で 2000 年には 80 ％に急増している。しかし，途上国は生存のための社会資本整備が遅れ，エネルギー不足，食糧問題，健康問題，環境破壊，教育問題が大きな課題となっている。

2-2　飢餓と飽食

　豊かな食生活，その陰で多くの食べ残しや賞味期限切れの食品の廃棄が増えている。農水省の調査によると家庭，レストラン，ホテル，スーパーマーケットの扱い量の約 30 ％が生ゴミとして廃棄されている。1 日 1 人当たりの供給される食料はカロリー換算で 2,638 kcal，この内実際に食べているのは 2,007 kcal で，その差，631 kcal に相当する食料は，ゴミとして廃棄されていることになる。

　国連食糧農業機関（FAO ： Food and Agriculture Organization）の 2020 年報告によると，世界中で食糧不足に悩む人の数は 8 億 1 千 100 万人で 10 人に 1 人の割合となる。米国農務省が 2003 年 10 月 12 日に 2003 年の穀物生産量は 18 億 1,800 万 t で，19 億 t を越える推定需要量を 9,300 万 t 下回り過去最低レベルに落ち込んでしまったが，これで 4 年連続で生産量が消費量を下回ると発表した。この原因は地球温暖化による気温上昇，地下水の汲み上げ過ぎによる水不足と塩害，森林火災，異常気象による豪雨，干ばつなどの大災害によるもので，今後さらに穀物類の生産量の減少が予測される。しかし，2022 年 1 月現在の穀物全体の生産量は 27.9 億トンで消費量とほぼ同数で推移している。

　食料安全保障は生産の拡大，備蓄，貿易，不測時の食料管理によって実現されるが，国際的な備蓄体制，また食料は戦略的武器としての性格も持ち合わせているだけに貿易の面でも困難さがある。

　国連「人口統計年鑑」による 5 歳未満の幼児死亡率は，2000 年の時点で 1,000 人の出

生あたり 71.2 人であったが，2019 年には 37.1 人に減少した。世界的には年々死亡率は減少傾向にあるものの，死亡原因には開発途上国の栄養水準，衛生水準，伝染性の下痢症，熱病，結核などの疾病の多発，医療技術の浸透，病院施設の不備，生活環境などが不十分なことがあげられる。しかし，新型コロナウイルス感染症（COVID-19）の世界的まん延により，今後乳児死亡率が高くなることも予想される。乳児死亡率の高い国は，別の見方をすると多くは開発援助を必要とする低所得国でもある。低所得国とは 1995 年で 1 人当たりの GNP が原則として 765 ドル（日本円 1 ドル＝110 円とすれば 84,150 円）以下の国をいい，71 か国・地域もある。

　2 種類の栄養不良がある。1 つは先進国での栄養過剰，いわゆる，糖，脂肪，動物性食品，総カロリーの過剰摂取から来る肥満，糖尿病，心臓病，高血圧などの生活習慣病，それによる死亡である。もう一方の栄養不良は栄養不足から来る疾病，死亡である。発展途上国の平均的な栄養摂取量は，カロリー計算で先進諸国の国民の約 3 分の 2，たんぱく質は 2 分の 1，動物性たんぱく質は 5 分の 1 である。栄養失調が起こるカロリーのボーダ

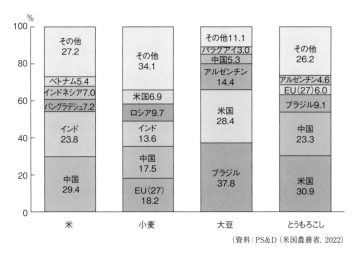

（資料：PS&D（米国農務省, 2022）

図 2-3(a)　主な穀物の生産国別生産量割合（2019/20 年）

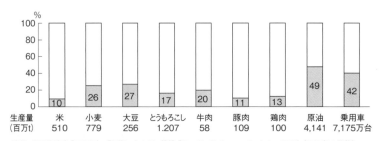

資料：米国農務省「PS&D」，「国際エネルギー機構「Key World Energy Statistics 2021」（2019年の数値），
　　　（一社）日本自動車工業会調べ（2018年の数値）
注：1）乗用車の輸出量は主要国の輸出量（台数）の計
　　　2）原油の生産量は石油換算量である。

図 2-3(b)　主な農産物等の生産量に対する輸出量の割合（2021 年）

ーラインは 1,500 kcal/人/日である。ちなみに健康な生活のために必要とする平均的カロリーは 2,400 kcal/人/日とされるが，先進国の平均的摂取量は 3,300 kcal/人/日，発展途上国の平均的摂取量は 2,200 kcal/人/日である。

　世界では毎年，4,000 万人の人々が，飢餓とそれに起因する疾病で死亡している。それに近年 10 代，15 ～ 24 歳の若者のエイズ禍が急速に拡大し，全世界で 1 日に推定 6,000 人，14 秒に 1 人の割合でエイズウイルス（HIV）に感染し，死亡者数が急増している。アフリカ，南アジアでエイズ禍が急速に蔓延しているが，貧困と無縁ではない。

　2019/20 年の主な穀物の生産国別生産量割合を図 2-3(a) に，また世界全体の生産量とそれに対する輸出量の割合を図 2-3(b) に示した。

2-3　世界の農産物の生産量と需給

農水省海外食料需給レポート 2017 年 1 月から穀物別に主産地の状況から見てみよう。

小　麦　全人類の 3 分の 1 の人々の主食となっている。2016/17 の予測値では世界全体では 7.5 億 t で，主要生産国は中国，米国，カナダ，ロシア，EU，インド，オーストラリア，パキスタンなどである。ちなみに日本の小麦の生産量は 2016 年で 77.8 万 t である。

米　　　アジア地域の主食であり，主産地でもある。世界全体で 4.8 億 t で，主要生産国は中国，インド，インドネシア，ベトナム，バングラデッシュで日本はこれらの国々に比較すると主食用米の生産量はわずか 750 万 t である。

大　豆　世界全体で 3.4 億 t，生産国は米国が最大で，次いでブラジル，アルゼンチン，中国，インド，カナダと続く。日本では大豆はみそ，しょう油，豆腐，油揚，納豆，湯葉など日本食に欠かせない食品の原料である。米国では主として大豆油して利用される。ちなみに日本の生産量は 2015 年は 24 万 3 千 t である。

トウモロコシ　世界全体で 10.4 億 t，生産国は米国，中国が大半を占め，ブラジル，メキシコ，アルゼンチン，EU などである。米国では収穫のほとんどが餌料用とバイオ燃料エタノール用となっており，トウモロコシ需要の 4 割を占めるまで増加している。アフリカや南米では主要な食料となっている。

　世界の穀物全体（小麦・トウモロコシ・米・大豆等）の生産量は 1970/71 年（11 億 8 百万 t）以降の需要は過剰と逼迫を繰り返しているものの上昇傾向を続け，2020/2021 年では生産量 27.2 億 t，消費量 27.4 億 t である。

　2020/2021 年度の主要な穀物の世界需給見通しを見ると，大麦で減少するものの，小麦，トウモロコシ・米で増加し，史上最高となる見込みである。しかし穀物生産はエルニーニョ現象による大きな気象変動，天候不順，高温，干ばつなどで各国の生産量に大きな減少変動をもたらす。特にオーストラリアは気候の影響で生産量に大きな影響を受けることが多い。図 2-4 は世界の穀物収穫面積と穀物生産量の推移を見たものであるが，収穫面積は 1960 年頃より過去 60 年間，ほぼ一定となっている。人口の増加に伴い，穀物消費量が増加しているが，穀物生産量は単収の伸びにより消費量の増加に対応している。2020/21 年度の期末在庫率は，生産量が消費量を下回り，29.7 ％となっている。さらに地球温暖化に起因すると考えられる異常気象による干ばつや豪雨，洪水なども要因と見られている。

　現在の世界人口の 1 人当たりの穀物生産量は FAO のデータによれば 350 kg で，穀物

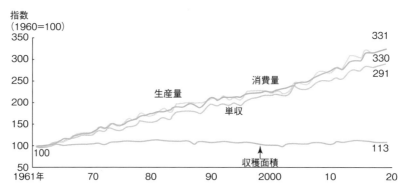

資料：USDA「PS&D」（2021年1月）
注：1960年を100とした場合の指数。なお，消費量は「PS&D」の各年の「期首在庫＋生産量−期末在庫量」により算出。

図 2-4　世界の穀物生産量・収穫面積・単収などの推移と見通し（1960 年＝ 100 として）
（農水省，「知ってる？日本の食料事情 2021」）

エルニーニョ/ラニーニャ現象とは

　エルニーニョ現象は，太平洋赤道域の中央部（日付変更線付近）から南米のペルー沿岸にかけての広い海域で海面水温が平年に比べて高くなり，その状態が 1 年程度続く現象である。これとは逆に，同じ海域で海面水温が平年より低い状態が続く現象はラニーニャ現象と呼ばれている。

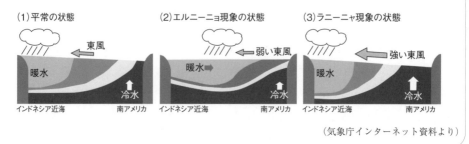

（気象庁インターネット資料より）

を直接消費すれば，77億人が十分に栄養を摂ることができる量である。しかし，穀物は先進国では過剰状態となり，発展途上国では不足状態が続いている。アジアは世界の人口の6割を占めるものの，穀物生産量の割合は5割を下回っており，穀物輸入量の割合が世界で最も高い。また，アジア全体の国内総生産は米国一国より少なく，世界の栄養不足人口の7割が集中している。アフリカは，世界人口の1割を占めているが，国内総生産は2％にすぎず，穀物生産量の割合も6％程度であり，栄養不足人口は世界の4分の1を占めている。EU，米国は，世界の1割の人口で国内総生産の6割を占めており，穀物生産量は世界の4分の1，穀物輸出量は6割弱を占めている。

2-4　食料生産と地球環境

　FAO（国連食糧農業機関）は「世界中で食糧不足による栄養不足で悩む人々は2014～2016年度で7億9,500万人にのぼり，特に多くの子供たちの命が奪われている。しかし，その数は1990～1992年度と比較すると2億1,600万人減少している。開発途上国地域全体では全人口に占める栄養不足人口の割合が1990～1992年度の23.3％から12.9％に減少している。ラテンアメリカ，東アジア，東南アジア，コーカサスといった一部の地域では遅いペースで改善が見られる。一方南アジア，オセアニア，カリブ海地域ではその改善のペースは遅く慢性的栄養不足人口は多い。FAOはすべての人々が栄養のある安全な食べものを手に入れて健康的な生活を送ることを目指し，①飢餓，食料不安及び栄養失調の撲滅，②貧困の削減と全ての人々の経済・社会発展，③現在及び次世代の利益のための天然資源の持続的管理と利用をゴールとして活動している。

　しかし，米国農務省の調査によると2003年の米や麦などの穀物生産量は日本の冷夏，ヨーロッパでの熱波や干ばつなどの異常気象，中国，インド，米国などでの灌漑の拡大や過剰な地下水の汲み上げによる水資源不足などが影響し，推定18億1,800万tで19億tを越える推定消費量を9,300万t下回ると発表した。したがって今後気候変動なども影響し食糧生産量が追いつかず世界的に食糧不安状態の解消が遅れ，地域によっては慢性的な栄養不足人口の減少化が遅れる事は否めない。

国連食糧農業機関

　（FAO ： Food and Agriculture Organization of the United Nations）
　1943年に開催された連合国食糧会議で，「人類の栄養および生活水準を向上し，食料および農産物の生産，流通および農村住民の生活条件を改善し，もって拡大する世界経済に寄与し，人類を飢餓から開放する事を目的に」食料・農業に関する恒久的機関である国際連合食糧農業機関（FAO）の設置が決定され，1945年，34か国の署名によりFAO憲章が発効した。2020年5月現在194か国およびECが加盟している。食料・農業に関する調査と分析，国際会議，発展途上国への助言指導を行っている。

農業に関係する環境問題は深刻な状況にあると見なければならない。生産拡大と集約化は食料の需要に応え，経済性優先の効率的農業の一方では回復が困難な環境問題を引き起こしている。

1）森林の減少

森林は人間の活動によって排出される炭酸ガスの相当量を吸収してくれる。森林を切り開き，あるいは焼き畑による農地の拡大は，生物多様性の喪失と，森林の消滅による温暖化寄与の二酸化炭素の吸収を悪化させている。

2）過剰な地下水の汲み上げ

耕地の拡大とともに地下水の汲み上げに頼った大規模農業生産は「水の枯渇」という事態を招いてしまった。アメリカ，インド，中央アジアなど世界各地で耕作地の砂漠化は加速度的に進行している。

3）化学肥料の過剰使用と塩類の析出

また地下水の汲み上げに加え，過剰な化学肥料の施肥は土壌の劣化だけでなく，塩類の析出が顕著となり，再び農地として使う事が困難となった地域が世界各地に拡大している。その農地にはもはや，作物を育てる有機質も，微生物も極端に少なくなり，乾ききった無機質の鉱物様の塩をまぶしたような土だけが残されている。さらに湖沼や，河川，海域の富栄養化による水質汚濁と生態系の変化が各地で深刻化している。

4）農薬汚染と人や生態系への影響

2003年夏，新潟県，山形県，東京都多摩地域でアルドリン，エンドリン，ディルドリンなどのいわゆるドリン系化学物質がキュウリなどの野菜から検出され，食品の安全という点で大きな社会不安を招いた。すでにこれらの農薬は30年前の1975年に失効となり，使用禁止になっているが，土壌中での残留によるものと考えられている。DDTやHCB，クロールデンなどの農薬も国内各地で相変わらず河川の底質や魚類などからも検出され，人や生態系への影響が懸念されている。また諸外国からクロロピリホスなどの農薬に汚染されたほうれんそうなど，種々の農薬に汚染された野菜や魚類，食肉が輸入され検疫所で検出される例も少なくない。

5）湖沼・湿原の喪失

全地球レベルで湖沼や湿原の喪失が進んでいる。乾燥化は，ことに温暖地帯から熱帯地帯では全土地面積の50％にも及んでいる。湖沼は地球の表面上にある淡水の90％以上をたたえている。そして世界の多くの湖沼が，水量，水質の劣化・枯渇で，そこに成育する植物，魚や鳥や，種々の動物など多様性の生物，その周辺に生活基盤を置いている住民への良質な水供給の面，いずれもが危機的状況にあることはいうまでもない。もちろん湖沼の環境美，自然美の喪失も忘れてはならない。

その原因は，i）森林の伐採や耕地の拡大による水源林の喪失，ii）肥料の過剰な使用による湖沼の栄養負荷の加速と過剰な家畜の放牧・飼育による汚水の流入，それによる水質低下の招来，iii）周辺陸上での人間活動，生産活動，農業や土地開発に起因する

浸食と土砂堆積物の増加は大量の土砂を湖沼に流入させた。ⅳ）さらに気候変動も大きく寄与していることは否めない。

　湖沼の生態系が崩れると，水中で棲息する蚊などの生物病原体媒介に適した棲息環境を作り出し，それらによる健康被害を拡大しかねない。さらに，周辺地域の衛生設備の不備は腸チフスやコレラなどの人体病原菌の伝播を容易にしてしまう可能性も出てくる。

　現在の食料生産は生産性，効率性のみ，そして先進諸国の必要とする食料の生産が中心となっていることは否定できない。発展途上国の環境と生産にも配慮しつつ，人間と自然が調和した環境の再生を構築し，持続的社会環境の整備が求められる。

2-5　日本の食料自給率と食料安全保障

　日本のカロリーベースでの食料自給率は図2-5に見られるように，約50年前の1960年で79％，1975年が54％と大きく下がり，さらに1999年には40％となり，その後横ばいに推移し，2010年から39％台となり，2020年は37％に落ち込んでいる。

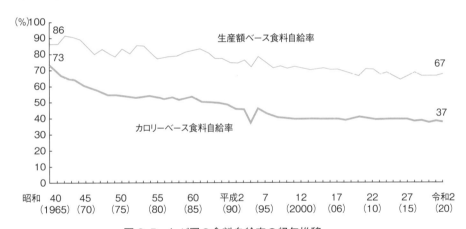

図2-5　わが国の食料自給率の経年推移
（農水省，「令和2年度食料自給率等について」，2021年12月28日）

　この食料自給率とは，その国で消費される食料がどのくらい国内で生産されているかを示す指標で，2020年度の数値をもって示すと国民1人1日当たりの供給熱量（kcal）は米475 kcal，油脂類349 kcal，畜産物407 kcal，魚介類83 kcal，小麦300 kcalなどで，供給熱量は合計2,269 kcalである。

　図2-5に見られるように日本の食料自給率は長期的に大きく低下してきているが，その主な要因は，日本人の食生活が大きく変化したことにある。これを図2-6に示したが，日本の食生活の変化を1人1日当たりの供給熱量の構成の推移でみると，日本の気候風土の中で脈々と続いて来た米の食文化に形態変化がみられ，米の消費が1960年から年々落ち込み，2020年ではその約43％の475 kcalまで下がった。それに対し肉類（畜産物）

の 4.5 倍，油類の 3.1 倍もの供給熱量上昇に食生活の大きな変化が伺える。

また国産供給熱量は国民 1 人 1 日当たり米 467 kcal，野菜 51 kcal，肉類 64 kcal，油脂類 11 kcal，小麦 45 kcal，魚介類 43 kcal，その他果物や大豆を加えて 843 kcal である。

この結果の数値を以下の計算方式に入れて計算すると食料自給率は 39 ％となる。

$$供給熱量総合食料自給率 = \frac{国民 1 人 1 日当たり国産供給熱量（843 \text{ kcal}）}{国民 1 人 1 日当たり供給熱量（2,269 \text{ kcal}）} \times 100 = 37 \text{ ％}$$

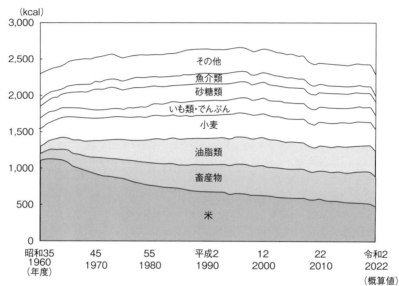

図 2-6　わが国の品目別食料自給率の推移（1 人 1 日当たり供給熱量の構成変化）
（農林水産省，「食料需給表」より作成）

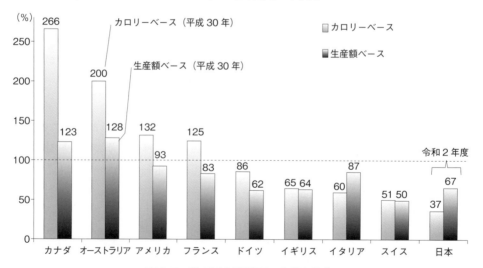

図 2-7　我が国と諸外国の食料自給率

資料：農林水産省「食料需給表」，FAO "Food Balance Sheets" 等を基に農林水産省で試算。（アルコール類等は含まない）
（農林水産省「知ってる？日本の食料事情 2021」）

　食料自給率は一般的にはカロリーベースの食料自給率，いわゆる総合食料自給率で示される。

　図2-7に世界の主な国の食料自給率を令和2年供給熱量と生産額ベースを示したが，先進諸国の中では最低の水準である。

　畜産物や油脂類を生産するためには，表2-1に見られるように牛肉1kgを生産するために必要な穀物などの量は11kg，豚肉では7kg，鶏肉では4kg，卵では3kgを必要とする。畜産には大量の飼料や大豆，なたねなどの油類原料が必要となるが，わが国は農地が狭く，平坦な土地が少ないことなどから畜産用飼料の生産が少ない。そのため大量のとうもろこしなどの飼料穀物の輸入に頼らなければならない現状にある。

表2-1　畜産物・油脂1kgを生産するために必要な穀物などの量（試算）

牛肉	豚肉	鶏肉	鶏卵	大豆油	なたね油
11 kg	7 kg	4 kg	3 kg	5 kg	2 kg

（注）1. 牛肉，豚肉，鶏肉，鶏卵については，日本における飼養方法を基にした必要な飼料の量をとうもろこし換算した場合の数値である。
　　　2. 牛肉，豚肉，鶏肉については，部分肉ベースである。
　　　3. 大豆油，なたね油については，それぞれを1kg生産するのに必要な大豆，なたねの量である。

大豆油では1kg生産するのに5kgの大豆が，なたね油は2kg必要とする。

　またわが国の農業生産が専業農家が少ない事，人件費，材料費など種々の諸条件が重なり，生産物が諸外国産物に対し価格的に対応できない状況にあり，国内生産が減少傾向にある。それに食生活の欧米化，食の外部化，外食産業の拡大などの要因も大きい。

　このような食生活の変化，国内の生産形態の変化により多くの食料を海外に求めることとなる。図2-8は主な輸入農産物の生産に必要な海外に依存する作付け面積である。日本の農産物輸入量はダントツ世界1位である。世界の農産物の輸入量の約1割を日本が占めている。これだけの農産物を生産に使われている外国の農地は1,245万haである。日本の農地の約2.7倍である。ただしく日本の畑は海外にあるのである。海外国の気象状態，国政状況，国情によって今後いつ，これらの食料が輸入できなくなるか不安な状況の中での，わが国の危うい食料事情である。日本の国土面積（3,779万ha）とほぼ同じ国土面積のドイツは，1人当たりの農用地面積が日本の5倍にあたる20.8万haもある。表2-2に見られるように英国，米国，フランスいずれも1人当たりの農地面積が桁違いに多い。この農地面積が少ない事も食料自給率の低さに影響しているのかもしれない。これでは日本の食料の安全保障はできていないことになるが，その現実が2003年から2004年にかけて牛肉，鶏肉の輸入で起こっている。

　牛海綿状脳症（BSE ： Bovine Spongiform Encephalopathy）は1986年英国で発見されて以来，ベルギー，オランダ，フランス，ポーランド，イタリアなど多くのEU諸国で発生し，日本国内でも2001年に発見されて以来，全頭検査を実施しているが，10頭が確認されている。米国では2003年12月にBSEが発見され，米国は全頭検査を実施してい

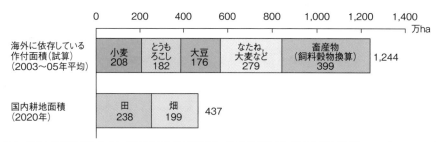

資料：農林水産省「食料需給表」,「耕地及び作付面積統計」,「日本飼養標準」, 財務省「貿易統計」, FAO「FAOSTAT」,
　　　米国農務省「Year book Feed Grains」, 米国国家研究会議 (NRC)「NRC飼養標準」を基に農林水産省で作成
注：1) 単収は, FAO「FAOSTAT」の2003〜05年の各年の我が国の輸入先上位3か国の加重平均を使用
　　　　ただし, 畜産物の粗飼料の単収は, 米国農務省「Year book Feed Grains」の2003〜05年の平均
　　2) 輸入量は, 農林水産省「食料需給表」の2003〜05年度の平均
　　3) 単収, 輸入量ともに, 短期的な変動の影響を緩和するため3か年の平均を採用

図2-8　主な輸入農産物の生産に必要な海外の作付面積
（農水省,「食料・農業・農村白書 2010」より一部更新）

表2-2　主な国の人口と農用地面積（2019年）

		日本	イギリス	ドイツ	フランス	アメリカ
人　口	（万人）	12,563	6,753	8,352	6,513	32,906
国土面積	（万ha）	3,780	2,436	3,576	5,491	98,315
農用地面積	（万ha）	440	1,752	1,667	2,862	40,581
1人当たり農用地面積(a/人)		3.5	25.9	20.0	43.9	123.3

資料：総務省「人口推計, 2021」, 国連「World Population Prospects, 2019」, FAO「FAOSTAT, 2021」

ないため, 日本に輸入できず, 米国産に頼っている牛丼などの外食産業が大きな打撃を受けた。

また高病原性鳥インフルエンザが香港, 米国, オランダ, 韓国, ベトナムなどで発生し, 日本でも山口県と大分県, 京都府で発生している。最近では2016年11月〜12月に青森県, 新潟県, 北海道, 宮崎県, 熊本県で2017年1月には岐阜県, 宮崎県で発生し, 全国に広がっている。諸外国を含め厳しい対応がなされているため輸入できないでいる

表2-3　食料自給率の目標

	2018年度	2030年度（目標）
供給熱量ベースの総合食料自給率	27	45
生産額ベースの総合食料自給率	66	75
飼料自給率	27	40

資料：農林水産省作成
注：1) 生産額ベースの総合食料自給率は,2020年度における各品目の単価が現状 (2008年度) と同水準として試算
　　2) 飼料自給率は, 飼料用穀物, 牧草等を可消化養分総量 (TDN) に換算して算出

（農水省,「食料・農業・農村基本計画　令和2年3月」）

ケースも少なくなく，これも外食産業に大きな衝撃をもたらしている。

　これらの事件は食料に対し量的な安全保障に乏しい日本に突きつけられた例であるが，農水省は 2025 年には農地面積の増，地産地消の推進，農業振興，農業就業人口の増加などにより食料自給率を 45 ％（表 2-3）にするという目標を掲げている。

■参考文献

1）ノーマン・マイヤーズ監修，『ガイア地球の危機』，産業調査会（1999）.

2）文部科学省科学技術・学術審議会，「資源調査分科会報告書　地球の生命を育む水のすばらしさの更なる認識と新たな発見を目指して」，財務省印刷局（2003）.

3）国土交通省土地・水資源局水資源部編，「日本の水資源の現況（平成 27 年版）」，（2015）.

4）「食料・農業・農村基本計画（令和 3 年 5 月 25 日公表）」.

5）「環境白書　2019/20 年版」，環境省（2020）.

バーチャルウォーター

　日本は全国どこでも安定した水道施設が充実し安全が確保され，安心して水が飲める恵まれた国である。私たちは飲料水不足やその安全性にストレスのない暮らしをしている。しかし，日本は世界各国からの食料輸入を通して，日本の水道使用量と同じ量の水を消費していることに，考えが及ぶことは少ない。

　輸入している食料を，もし輸入国（例えば日本）で生産するとしたら，どの程度の水を必要とするかを，計算推定した量をバーチャルウォーター（仮想水）と呼ぶ。日本の食料自給率は 40 ％程度であることから，60 ％は海外からの食料に依存し，その輸入食料の生産に，約 800 億 m^3/年（2005 年の水の仮想輸入量は米国約 340 億 m^3，カナダ約 130 億 m^3，オーストラリア約 140 億 m^3，中国約 22 億 m^3，その他の諸国から 1680 億 m^3）の水が使用されていると試算されている。日本の水道使用量（2005 年で 834 億 m^3/年）とほぼ同じ量である。

　食品 1 kg を生産するために必要とするバーチャルウォーターの量（ユネスコ調査）を下に示す。いわゆる，輸入食料と一緒に以下に示される仮想水も輸入することを意味する。

小　麦	1.15 m^3
トウモロコシ	0.95 m^3
米	2.66 m^3
大　豆	2.30 m^3
ジャガイモ	0.16 m^3

　また，牛はトウモロコシなどの穀類を大量に消費する。牛肉 1 kg 生産するには 20.6 m^3 もの水が必要である。ちなみに，牛丼一杯では 1.9 m^3 の水，500 mL のペットボトルに換算すると 3780 本にもなる。

　ハンバーガーでは 1 m^3 の水，500 mL のペットボトルに換算すると 2000 本にもなる。

　世界的には食料生産のために森林を伐採して耕作地化や過度な灌漑による砂漠化などにより水源の枯渇が進み，水ストレスが高まっている。水不足はアフリカ諸国，サウジアラビアの地下水，インド，パキスタン，中国内陸部，アメリカの中央オガララ帯水層，カザフスタンやウズベキスタンの乾燥地帯の塩類集積など，31 もの多くの国に及んでいる。2025 年までに 48 カ国の 28 億人を超える人たちが，水ストレスや水不足に直面する。

3
水と生命

　地球は水の惑星といわれるだけに，地表の 70 ％は水に覆われ，そこに生きるヒトも，いろいろの動物も，植物も生命あるもの水とともにあるのである。

　海や河や湖沼に棲息する動物，植物だけでなく，陸地の植物も，微小なバクテリアも，小さな生物も，大きな生物も，そして人間も，地球上の生命体は組織に 60 ～ 80 ％ものいっぱいの水を含んで生きている。

3-1　生 命 と 水

3-1-1　人 間 と 水

　人間は卵子と精子が結合し，その受精卵が子宮にたどりつき新しい生命が始まる。胎児は誕生するまでの 280 日，約 10 か月間，子宮の中で羊水に浮いた状態で，胎盤を通して，栄養，ガス交換，老廃物の受渡しを行いながら発育し続ける。つまり人間の生命は水の中で始まるのである。

　生まれて間もない新生児は体重の 80 ％もの水分量である。いうまでもなく，水分といっても細胞の中に含まれている細胞内液と細胞外の細胞外液からなる体液のことである。

　私たちの体は，一般的に成人男子で約 60 ％が水分で，女子では約 55 ％が水分である。女子が水分が少ないのは脂肪が多いことによる。体重 60 kg の男子は 36 kg の水分をもっていることになる。同じ成人でも肥満の人は脂肪の多い分だけ水分が少ない。逆に痩せている人は水分量が多めになる。高年齢になるほど筋肉量の減少や脂肪組織の増加により水分量が少なくなる。

　しかし，「水肥り」という言葉があるせいか，水を飲み過ぎると肥ると思っている人も少なくない。体内に入った水の量は一時は胃腸に滞留するものの，多い分は尿として排泄されるため水肥りということはない。

　運動した後，風邪で高熱を出し体いっぱいに汗をかいた後，激しい下痢をした後などは強い喉の渇きを覚える。体内の水分が欠乏し脱水症状が表れたのである。水分の欠乏率が 1 ％で喉の渇きを感じ，2 ％になると強い渇きを覚え，運動能力が鈍くなり，ぼんやりしたり食欲がなくなったりする。水分の欠乏率が 4 ％になると激しく喉が渇き，身体の衰弱が起こり，6 ％では体温上昇や脈拍が上昇する。20 ％では生命の危険な状況になり死亡に

至る。体内の水分が欠乏状態になると血栓が起こる原因となる。

いったい，生体は1日にどれだけの水を必要とするのだろうか。体内の水は，物質を溶かし，各組織に栄養分を運び，体液の流れ，浸透圧やpHを調節し，血液の流れをスムーズにし，酸素が体中に行きわたり，体温の調節，二酸化炭素や老廃物の排出など，生命のために体の中をぐるぐる回る。

人間は成人で1日に2.5 Lの水が体の中に入り，ほぼ同量が体外に出る。その水の出入りのバランスをみると，水の入りは飲料として1,200 mL，食物中の水として1,000 mL，体内でできる水が300 mLで2.5 Lとなり，出る方は尿として1,500 mL，糞便として100 mL，汗が600 mL，呼気が300 mLで約2.5 Lが1日に体外に失われる。

3-1-2 体内での水の生理的役割

生物学的には体内の細胞内の水を細胞内液，細胞外に存在する水を細胞外液といい，その両者を隔てているのが細胞膜である。細胞内液は成人男子で体重の約40 %を占め，カリウムやリン酸イオン（HPO_4^{2-}），タンパク質に富んでいる。また細胞外液は体重の約27 %を占め，ナトリウムイオン，塩化物イオン，炭酸イオン（HCO_3^-）に富んでいる。

人間は多細胞生物であるため細胞間を通して物質や情報を運ぶための特別なしくみを体の隅々までつくりあげている。血液やリンパを流す循環系，体を構成する個々の細胞もまた液体に浸った状態になっており，酸素や栄養物を体液から取り入れ，二酸化炭素や老廃物を体外に出すという作業，いわゆる細胞と体液との間で盛んな物質交換が行われている。

① 体液は，栄養素やホルモンの濃度，pHなどのさまざまな成分の質や量を，常に一定に保つよう調節する。いわゆる，体の内部環境を整える重要な役目をなしている。

血液のpHは通常7.3～7.4の弱アルカリ性にコントロールされている。表3-1は体液と尿のpHである。

② 輸送媒体としての水の役目：栄養物，ホルモン，代謝物そして老廃物を溶かし，各臓器間を血液に乗せて運搬する。

③ 体温調節する機能：水は比熱が大きいことから熱しにくく，冷めにくい。したがっ

表3-1 体液のpH

血　漿	7.4
細胞間質液	7.4
細胞内液	6.1～6.9
唾　液	6.35～6.85
胃　液	1.2～3.0
膵　液	7.9～8.1
尿	6.0～6.6（5～8の間を変動）
海　水	8.2～8.4

て寒い時は水分に熱を蓄える。また暑い時は発汗作用で外気温から体温の調節する。

④　浸透圧による体液濃度の調節：細胞の膜は半透膜でできており，この半透膜によって細胞の回りにある体液の濃度は調節される。

3-2　水　と　は

日常の生活においては天然水，イオン水，アルカリイオン水などと，いろいろ水についてはこだわりがある人でも，突然「水とは何」と聞かれて，「1個の酸素原子が2個の水素原子と結合した化合物で，化学式はH_2O，そのH_2O分子が会合しているもの」と答えてくれるだけでも上出来で，それ以上はあまり理解されていない。

水分子は，酸素原子の両側に水素原子が1個ずつ図3-1に示されるように折れ線形に結合している。ちょうど三角形状に酸素（O）を頭に105°に広げた両手に水素（H）をもっているような形である。酸素原子は電気陰性度が大きく電子を引きつける力が強いため，水素と共有している電子を酸素の方に強く引きつける。水分子のO—H結合は，完全な共有結合ではなく，電子が酸素（O）の側に偏る。したがって酸素原子の方へ電子が偏りマイナスに，水素原子の方が電子が少なくなりプラスに帯電しする，つまり水は分子内部で，マイナスになっている部分と，プラスになっている部分とに分極している有極性物質である。水分子どうしが近づくと，1つの分子のH^+は，隣接する水分子のO^-とゆるく結合する，いわゆる水素結合で引き合っており，この水素結合によってたがいに連結した多くの水分子の集団をつくっている。この水分子の集合体を会合体（クラスター）とよぶ。しかしクラスターは周りの水分子と次々と付いたり離れたり，瞬間的に相手を取り替えるきわめて不安定で，その取り替えはピコ秒，すなわち10^{-12}秒（1兆分の1秒）という短い時間で変わり，きわめて動的な構造をしていると言える。水クラスターの模式的図を図3-2に示したが，他の水分子と水素結合していない水分子と1個から4個水素結合した鎖状や多角形の会合体との平衡状態により成り立っていると考えられている[1]。したがってしばしば「水は通常巨大なクラスター[2]からできており，微弱なエネルギーを与えて微細なクラスターにした水が生体によい」といわれるが，疑問

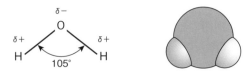

図3-1　水分子

＊1　多水分子の会合体における水分子の数は数個という考え方，水の沸点は100℃であることから，この程度の沸点温度をもつものの化合物の分子量は240前後ということから，水の分子量18から計算して，水分子が13〜14個の集合体という考えもある。

＊2　2個以上の水分子がファンデルワールス力や水素結合などの比較的弱い相互作用で集合したもの$(H_2O)_n$をクラスターとよぶ。

も多い。

　また水のクラスターが $^{17}O-NMR$ で測定された結果について書かれている報告書や書籍，コマーシャル，パンフレットが多く見られるが，$^{17}O-NMR$ で測定できるという根本的論拠が間違っており，水の評価は不可能である。

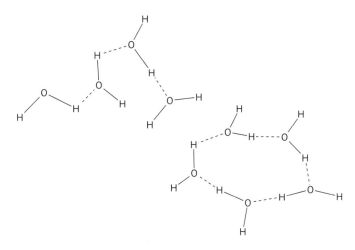

図 3–2　水クラスターの模式図

3-3　安全な水

　従来，空気も水もただという感覚を誰もがもっていた。しかし最近は，水道水は安心できない，浄水器を通した水でないと，アルカリイオン水でないとだめ，ボトルのミネラルウォーターがよい，などと水にこだわる人々も多くなってきた。確かに，塩素消毒している水道水は安心といえない事実が出てきた。

　通常，水道水の殺菌消毒は塩素処理であるが，土壌由来のフミン質が塩素と反応し，有害で発がん性が確認されているトリハロメタン（CHX_3）が微量ではあるが生成する。河川や湖沼の汚染，とりわけ窒素，リン類の過剰による富栄養化が進み悪臭成分であるジェオスミンや2–メチルイソボルネオールなどが水道水に混入し異臭を発する。数々の農薬による汚染，浄水過程での除去が困難なビスフェノールAやノニルフェノールなどの化学物質などの混入なども懸念されている。

　したがって，浄水法も薬品沈殿，ろ過，塩素殺菌消毒の過程の中に，活性炭処理による有害物質の除去，オゾン処理による臭気物質の分解，殺菌，さらに生物膜活性炭処理による二次的に副成される有害物質の分解など，安全な水の供給配水により大きく変化してきた。

3-3-1　おいしい水志向

　安全で良質な水を求めるニーズが近年大きくなってきた。かび臭い水道水，有機質，フミン質と消毒の塩素が反応し生成する発がん性が疑われている物質・トリハロメタン，

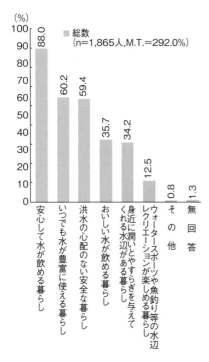

図 3-3　水に係わる豊かな暮らし （複数回答）
（内閣府，「水循環に関する世論調査報告書」，
2020 年 10 月調査）

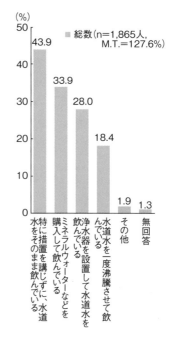

図 3-4　飲み水について （複数回答）
（内閣府，「水循環に関する世論調査報告書」，
2020 年 10 月調査）

塩素臭のする水道水，農薬が入っているのではと疑われる水道水，とにかくおいしさの
ない水道水，そして塩素消毒では死滅しない病原性原虫クリプトスポリジウム＊など，私
たちが日常使用している水道水の安全にたいして不安感を抱く人は多い。図 3-3，図 3-
4 は内閣府が 2020 年 10 月に水について国民の意識を把握する目的で行った調査の結果を
見たものである。

3-3-2　塩素殺菌では効果のない，水道で流行するクリプトスポリジウム感染症

　日本国内の水道水は，全国どこでも安心して飲めるとして定評がある。ろ過，殺菌に
対する基準とその厳格細心な対策がしっかりしているためである。ところがその信頼が
揺らぎ始めたのである。

　腹痛，下痢症状の感染症を引き起こすクリプトスポリジウムという塩素殺菌だけでは
殺すことができない消化管寄生原虫が水道水経由で家庭内に忍びこんできたことである。

　1996 年 6 月，埼玉県越生町で町民 1 万 3,000 人のうち，70 ％の 8,800 人もの集団下痢

＊　クリプトスポリジウムは，胞子虫類に属し，腸管系に寄生する原虫である。環境中では「オーシスト」とよ
　ばれる。嚢包体の形（大きさ 4 ～ 6 μm）で存在し，増殖することはないが，「オーシスト」が人間の他，ウシ，
　ネコなど多種類の動物に経口的に摂取されると消化管の細胞に寄生して増殖し，そこで形成された「オーシス
　ト」が糞便とともに体外に排出され，感染源となる。また「オーシスト」は塩素に対しきわめて強い耐性があ
　る。この種類に原虫のジアルジアがあり，同じような感染である。日本では埼玉県越生町で 1996 年に，8,800
　人の患者が出た。1994 年には平塚市で 460 人が，最大は米国ミルウォーキーで 1993 年に発生し，40 万人が感
　染した。

が発生した。この集団下痢の原因は原虫の一種，クリプトスポリジウムによる水道水を経由しての感染であることが判明した。家畜，ペットなど広くほ乳動物に寄生するもので，糞便とともに排出されたクリプトスポリジウムの接合子胞子であるオーシストが体内に入ると小腸に寄生し，ここで分裂増殖を繰返しながら，その数を増やすとともに，雌雄配偶子を生じて合体し，抵抗性の強いオーシストをつくり体外に排出する。下水処理での塩素消毒では殺原虫効果はなく，河川経由で下流域で取水した浄水処理場で，同様に塩素処理では効果なく，そのまま配水され，下流域の都市でも発生するというサイクル汚染である。オーシストの発生源は家畜と人間であることから，水源にオーシストが入ることは避けられない，また塩素消毒では殺菌できない。したがってクリストポリジウムは熱に弱いため，一般家庭で飲料などにする場合は湯沸かしなどの加熱した水がよい。しかし，これは浄水場の責任であるとして，ろ過水の濁度を 0.1 度以下にしたり，オゾン処理装置を導入している自治体の浄水処理場も多くなっている。オゾン濃度 1 mg/L で 10 分間で有効である。

3-4 水の浄水法

水源としては河川，湖沼，ダム湖などの表層水，地下水などがある。急速ろ過法によ

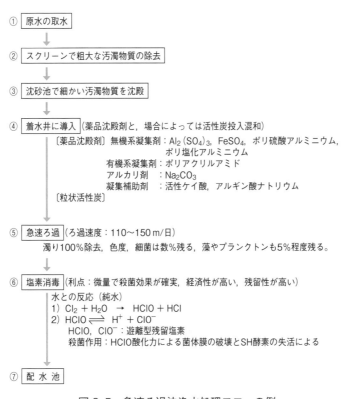

図 3-5 急速ろ過法浄水処理フローの例

る浄水法の基本的流れを図 3-5 に示したが，水源用の原水を取水し，スクリーンで比較
的大きなゴミを取り，沈砂池で粒子状のものや汚濁物質を沈殿させる。次いで着水井に
導入され，薬品沈殿剤や活性炭と混入し，沈殿池に入る。急速ろ過を経て塩素殺菌処理
工程後配水池に入り，事業所や家庭に配水される。

　浄水工程における沈殿・ろ過の方法には緩速ろ過法と急速ろ過法とがある。緩速ろ過
法は 1 日に 3 ～ 6 m のごく遅い緩やかな速度でろ過して浄化する方法で，BOD 値が
3 mg/L 以下の比較的清浄な水源の場合に適用される。砂層の表面に微生物膜ができ，濁
り，細菌，藻類，油分，アンモニア性窒素，有機物，臭気物質，鉄やマンガンなどの着
色金属などを除去し，その効率は高い。しかし比較的広大な敷地と大きな設備を必要と
することなどから現在，日本では採用しているところはほとんどない。

　急速ろ過法は，1 日に 110 ～ 150 m の速度でろ過されるが，日本では第 2 次大戦後から
急速に普及し，現在は飲料用浄水，工業用水ともにこの方法がほとんどである。ろ過速
度が早いため，敷地面積が比較的すくなくて済む，1 日に大量の水が処理できるなどの利
点があるが，生物膜ろ過法ではなく，薬品沈殿剤を用いて，その後物理的ろ過法をとる
ため塩素殺菌処理は必須条件である。

3-4-1　塩素消毒の化学

　塩素殺菌処理において塩素が水に溶解すると次亜塩素酸（$HClO$）が生成するが，水の
pH によって酸（$HClO$）とイオン（ClO^-）の両形態をとる。pH 4 ～ 5 では $HClO$ はほと
んど解離しない。また pH 10 以上ではほとんどが解離する。pH 7 付近では次亜塩素酸
（$HClO$）と次亜塩素酸イオン（ClO^-）が平衡状態にある。これら $HClO$ と ClO^- を遊離
型残留塩素と呼んでいる。殺菌力は $HClO$ の方が強く，安定性は ClO^- の方が高い。

　水中にはアンモニア，アミン類，アミノ酸なども存在することが多い。その場合次亜
塩素酸とこれらが反応し，次のようにクロラミンを生成する。

$$pH\,7.5\,以上では \quad NH_3 + HClO \longrightarrow NH_2Cl + H_2O$$
$$pH\,5 \sim 6.5\,の間では \quad NH_3 + 2HClO \longrightarrow NHCl_2 + 2H_2O$$
$$pH\,4.4\,以下では \quad NH_3 + 3HClO \longrightarrow NCl_3 + 3H_2O$$

　これら NH_2Cl（モノクロラミン），$NHCl_2$（ジクロラミン）および NCl_3（トリクロラミ
ン）は結合型残留塩素とよばれ，水中で H_2O と反応し徐々に $HClO$ を生成し殺菌作用を
発揮するが，その殺菌力は遊離型残留塩素の 1/20 ～ 1/100 程度である。

　また，アンモニアやクロラミンは過剰の $HClO$ の存在で N_2 を生成し，以下のように分
解する。

$$2NH_3 + 3HClO \longrightarrow N_2 + 3HCl + 3H_2O$$

$$2NH_2Cl + HClO \longrightarrow N_2 + 3HCl + H_2O$$
$$NH_2Cl + NHCl_2 \longrightarrow N_2 + 3HCl$$

3-4-2 塩素処理とトリハロメタンの生成

取水された水道原水にはもともと含まれていないのに，塩素処理のプロセスで発がん性のあるトリハロメタン（CHX_3）が生成する。トリハロメタンとは，土壌由来の前駆物質であるフミン酸などと反応してメタン（CH_4）の4つの水素原子のうち3つの水素原子が塩素，臭素，ヨウ素などと置き換わってつくられるクロロホルム，ブロモジクロロメタン，ジブロモクロロメタン，ブロモホルム，ヨードホルムなどを総称したものである。前駆物質であるフミン酸は枯れた植物の分解により生成し，土壌中に存在する水に不溶の酸性物質で，原水中に含まれている。フミン酸そのものはカルボン酸，ベンゼンカルボン酸，アミノ酸，糖類，ケト酸などの多種の有機化合物が縮合体の無定形巨大分子をつくっており決まった構造はない。

トリハロメタンの構造例を下記に示す。

クロロホルム　　ジブロモモノクロロメタン　　ブロモジクロロメタン　　ジクロロヨードメタン

このトリハロメタンは，細菌，藻類，臭気物質，アンモニア，鉄，マンガン，フェノールなどを除去するろ過前の塩素処理（前塩処理）工程で，塩素の酸化作用により，とくに生成しやすい。

トリハロメタンの1つクロロホルムとブロモジクロロメタンは，動物実験で発がん性が確認されていて，水道水の水質基準として総トリハロメタンは0.1 mg/L 以下，クロロホルムは0.06 mg/L 以下，ブロモジクロロメタンはさらに厳しい基準で0.03 mg/L 以下と定められている。

フミン質を含む水道原水を塩素処理したときに生成されるのはトリハロメタンだけでなくジクロロアセトニトリル，抱水クロラール，ジクロロ酢酸など多くの有機塩素化合物ができる。これらの有機塩素化合物ができる量やその成分比率は原水の水質，季節，浄水処理法によっても異なる。

3-4-3 水道水に含まれるカビ臭物質とその成因

東京，京都，大阪など大都市の水道水にカルキ臭に加え不快なカビ臭い異臭が感じられることがあった。大都市だけでなく地方都市でも夏の暑い時期になると水道水にカビ臭を感じられることが多い。その臭い物質はジェオスミン，2-メチルイソボルネオール（図3-6）などである。河川や湖沼の水質汚染が進行しNとPの濃度が高くなり，富栄養化し異常増殖した藍藻類や放線菌からカビ臭が放出されたためで，通常の浄水処理で

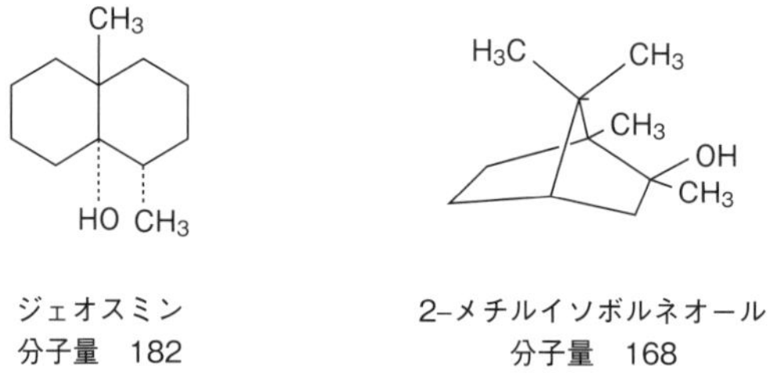

CH3
HO CH3
ジェオスミン
分子量　182
H3C
CH3
CH3
OH
CH3
2–メチルイソボルネオール
分子量　168

図 3–6　カビ臭原因物質の構造

は除去が困難である。カビ臭を出す藍藻類としては *Phormidium tenue*, *Anabaena macrospora*, *Oscillatoria* などが，また放線菌では *Streptomyces*, *Nocardia* などがあげられている。

3–4–4　高度浄水処理で安全な水ができるか

塩素殺菌を基本とする従来の急速ろ過・浄水法では，前述のトリハロメタンなど多くの有害な有機塩素化合物の生成，ジェオスミンなどのカビ臭物質を除去できず，クリストポリジウムのような腹痛，下痢症状を起こす原虫の殺虫除去はできなかった。また水質が汚染されているため塩素濃度を高めに設定せざるを得なく，俗にいうカルキ臭が強く不評であるなどから，最近大都市やその周辺都市ではオゾン酸化や活性炭処理を複合させた高度浄水処理法を導入するケースが多くなってきた。ここでは東京都金町浄水場と大阪府営水道を例に高度浄水処理について見てみよう。

(1)　東京都金町浄水場の例

通常の浄水処理工程の沈殿池と急速ろ過池の間に図 3–7 に示すような，オゾン処理工程と生物活性炭吸着処理工程を組入れ，その後急速ろ過池に入り，塩素殺菌の後配水池

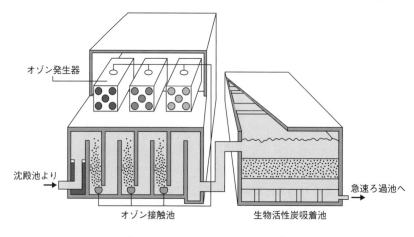

オゾン発生器
沈殿池より
急速ろ過池へ
オゾン接触池
生物活性炭吸着池
オゾン処理
カビ臭原因物質やトリハロメタンのもととなる物質などをオゾンの強力な酸化力で分解する。
生物活性炭吸着処理
活性炭の吸着作用と活性炭に繁殖した微生物の分解作用を併用して汚濁物質を処理する。

図 3–7　金町浄水場の高度浄水処理

に導入されるものである。オゾン処理により殺菌だけでなく，カビ臭原因物質やトリハロメタンの生成原因の前駆物質であるフミン酸などをオゾンの強力な酸化力で分解する。また原虫のクリプトスポリジウムやジアルジアなどもオゾン処理によって分解する。しかしオゾン処理によってアルデヒド類やカルボン酸類，臭素酸（BrO_3^-），モノブロモ酢酸，トリブロモ酢酸など種々の化合物が副生成され，それらの中には臭素酸のように発がん性のあるのもある。これらを再度分解除去するため生物活性炭吸着処理をする。この生物活性炭吸着処理は活性炭の吸着作用と，活性炭に繁殖した微生物の分解作用を併用して汚染物質を除去しようというものである。

　東京都水道局では 1970 年代後半から金町浄水場の高度化を検討，1984 年から実質的な，1）オゾン＋生物活性炭，2）オゾン＋粒状活性炭，3）粒状活性炭，4）生物処理，の比較実証試験を行った。

　カビ臭原因物質，アンモニア性窒素，トリハロメタン生成能などの除去対象物質の除去効果試験を行った結果，表 3–2 に示されるようにいずれの対象物質ともにオゾン＋生物活性炭処理が除去効果が高かったことから，原水→凝集沈殿→オゾン処理→生物活性炭処理→後段ろ過→浄水の組合せのシステムが金町と三郷浄水場に導入された。また三園浄水場は凝集沈殿とオゾン処理の間に前段ろ過を入れることにより，トリハロメタンの除去率とが高くなり，オゾン注入量の少量化によるコスト削減，活性炭の汚れが少なく洗浄回数が少なくなりコスト削減にもつながるという。

　東京・金町浄水場の高度浄水処理による除去効果を表 3–3 に示す。

（2）　大阪府営浄水場の例

　以前大阪の水道水は淀川水系のものでカルキ臭やカビ臭などが強く，多くの市民や旅

表 3–2　処理方法の比較

	臭味（カビ臭）	アンモニア性窒素	トリハロメタン生成能	農　薬
オゾン＋生物活性炭	◎	◎	○	◎
オゾン＋粒状活性炭	◎	×	△	◎
粒状活性炭	△	×	△	△
生物処理	△	○	×	×

（オゾン＋生物活性炭は当局の実験結果より，他は「浄水技術ガイドライン」より）

＊評価記号　◎：処理効果が非常に高い　　　△：処理効果に限界がある
　　　　　　○：処理効果が高い　　　　　　×：処理効果がない

表 3–3　高度浄水処理による除去効果

除去対象項目	除去率
カビ臭原因物質	約 100 %
アンモニア性窒素	約 100 %
トリハロメタン生成能	約　60 %
陰イオン界面活性剤	約　80 %

行者から不評であったが，浄水工程に多くの改善がなされた。大阪府営の浄水場は村野，庭窪，三島のいずれもが高度浄水処理がなされている。

　淀川から取水され沈砂池を通った後，ハチの巣状のハニカムチューブが入った生物処理槽に導かれ微生物による分解が促進される。ちなみにアンモニア性窒素の除去率は80％である。薬品沈殿剤を投入，攪拌凝集沈殿→急速沈殿→オゾン処理槽によりカビ臭物質，トリハロメタンの前駆物質の分解，原虫クリプトスポリジウムの分解などが行われる。次いで粒状活性炭処理槽に注がれ，さらに有機塩素化合物やオゾン処理による副生成物を除去した後，塩素消毒されて配水池に導入される（図3-8）。

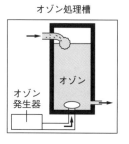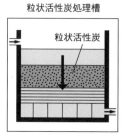

図3-8　大阪府営浄水場高度浄水処理

　しかし，浄水の高度処理化は建設コスト，ランニングコストの大きな増大につながる。本来，河川や湖沼が清浄ならば，水道水の浄化コストが小さくてすむであろう。また，森林の間伐，針葉樹林だけでなく広葉樹林との混合樹林にすることなど森林の健全な育成がなされていれば森林地帯の保水能と浄化能が大きく，かつ二酸化炭素の吸収能も大きく増大し，河川や湖沼の清浄化も高かったであろう。

　本来は河川・湖沼の浄化，森林育成にあたるべきで，浄水の高度処理化は一時的な緊急措置と考えるのが妥当であろう。森林は農水省（林野庁），河川・湖沼は国土交通省，水道は厚生労働省というように，各省庁にまたがる縦割り行政のあり方にも問題があり，変化がもたらされることを期待したい。

　横浜市は清浄な原水を安定して受けるために，山梨県道志村と協力して水源かん養林の保護・育成に努めており，横浜の市民と道志村の人々が大きな力になっている。いわゆる川上・川下のすばらしい協力関係である。

3-5　水道水水質基準

3-5-1　改定水道水水質基準

　水質基準は1992年以来12年ぶりに2004年4月1日全面的に改定され，その後2008年4月1日，2009年4月1日，2010年4月1日と基準値や水質管理目標値の項目設定見直しが行われ，さらに2014年4月1日に亜硝酸態窒素が追加された（表3-4〜3-7参照）。

　従来の基準の考え方を大きく改め，新たに大腸菌，ほう素，アルミニウム，非イオン界面活性剤など13項目が基準項目に加えられ，シマジンなどの農薬など9項目がはずれた。農薬は水質管理項目に1項目としてまとめ，総農薬方式としトータル値を示すこととした。また基準項目で大腸菌群を削り大腸菌としたこと，臭気物質のジェオスミン，2－メチルイソボルネオールが加わった。有機物質は総有機炭素（TOC法）で求められる。

農薬の取扱い

　農薬については，対象とする病害虫に応じ散布される地域，また，病害虫の発生時期に応じ散布される時期が限定されるなど，その他の化学物質に比較して使用形態が独特であり，個別の農薬ごとに見た場合には，水質基準または水質管理目標設定項目に分類されることはまれである。

　しかしながら，水道水中の農薬については国民の関心が高く，これに対応した特別の取扱いが必要である。このため，農薬については，次のとおり取扱い，国民，需要者の安心を確保していくこととした。

　①　水質基準への分類要件に適合する農薬については，個別に水質基準を設定する。

　②　上記①に該当しない農薬については，次の式で与えられる検出指標値が1を超えないこととする総農薬方式により，水質管理目標設定項目に位置付ける。

$$DI \ = \sum_i \frac{DV_i}{GV_i}$$

　ここに，DIは検出指標値，DV_iは農薬iの検出値，GV_iは農薬iの目標値である。

　測定を行う農薬については，各水道事業者などがその地域の状況を勘案して適切に選定すべきものであるが，多種多様な農薬を対象にした選定作業は各水道事業者などにとって困難が予想されることから，検出状況，使用量などを勘案し，浄水で検出される可能性の高い農薬をリストアップし，その選定作業に資することとした。

　この場合，検出指標値は浄水処理のための管理指標であり，浄水中の農薬類の検出指標値が1を超えた場合には，水道事業者などは活性炭処理の追加など浄水処理に万全を期すべきである。ただし，この値が1を超えたからといって，ただちに人の健康への悪影響が危惧されるということはないという点に注意すべきである。

3-5-2　水質検査項目の省略指針案

　本指針は，水質基準の柔軟な運用との方針を踏まえ，各水道事業者などが水質検査の省略を検討するに当たっての指針を示したものである。

（a）水質検査を省略することのできない項目

　病原微生物に関連する項目，水道水の基本的要素に関する項目，消毒剤および消毒副生成物である項目については，検査を省略することはできない（臭素酸については，オゾン処理を行っている場合または次亜塩素酸による消毒を行っている場合に限る）。

1. 一般細菌	8. ブロモジクロロメタン	15. 塩化物イオン
2. 大腸菌	9. ブロモホルム	16. 有機物質（TOC）
3. 硝酸性窒素および亜硝酸性窒素	10. 総トリハロメタン	17. 味
4. シアン（消毒副生成物として）	11. クロロ酢酸	18. 色度
5. 臭素酸	12. ジクロロ酢酸	19. 臭気
6. クロロホルム	13. トリクロロ酢酸	20. 濁度
7. ジブロモクロロメタン	14. ホルムアルデヒド	21. pH

(b) 水道用資機材・薬品からの溶出・付加を考慮すべき項目

以下の項目については，水道用資機材・薬品からの溶出・付加について十分な検討が行われた上でなければ検査を省略してはならない。

1. クロム（6価）	3. 亜鉛	5. 鉄
2. 鉛	4. アルミニウム	6. 銅

(c) 地下水を水源とする場合に考慮すべき項目

地下水を水源とする場合においては，以下の項目について十分な検討が行われた上でなければ検査を省略してはならない。

1. 四塩化炭素	4. cis-1,2-ジクロロエチレン	7. トリクロロエチレン
2. 1,4-ジオキサン	5. ジクロロメタン	8. ベンゼン
3. 1,1-ジクロロエチレン	6. テトラクロロエチレン	

(d) 停滞水を水源とする場合に考慮すべき項目

湖沼その他停滞水を水源とする場合においては，以下の項目について十分な検討が行われた上でなければ検査を省略してはならない。

1. ジェオスミン
2. 2-メチルイソボルネオール

(e) 海水淡水化を行う場合に考慮すべき項目

海水の淡水化を行う場合には，ホウ素に係る水質検査を省略してはならない。

(f) その他原水の状況などを考慮すべき項目

上記以外の項目については，検査の省略に当たっては，原水の状況などを十分考慮しなければならない。

1. カドミウム	5. ふっ素	9. 陰イオン界面活性剤
2. 水銀	6. 硬度（Ca, Mg）	10. 非イオン界面活性剤
3. セレン	7. ナトリウム	11. フェノール類
4. 砒素	8. マンガン	12. 蒸発残留物

(g) 留意事項

上記(b)～(f)に揚げる場合に該当しない場合であっても，現に過去に基準値の5/10を超えて検出されたことがある項目については水質検査を省略してはならない。

表 3–4　水道水水質基準

（2020 年（令和 2 年）4 月 1 日から適用）

項　目	基準	項　目	基準
一般細菌	1mL の検水で形成される集落数が 100 以下	ジブロモクロロメタン	0.1mg/L 以下
		臭素酸	0.01mg/L 以下
大腸菌	検出されないこと	総トリハロメタン	0.1mg/L 以下
カドミウムおよびその化合物	カドミウムの量に関して, 0.003mg/L 以下	トリクロロ酢酸	0.03mg/L 以下
		ブロモジクロロメタン	0.03mg/L 以下
水銀およびその化合物	水銀の量に関して, 0.0005mg/L 以下	ブロモホルム	0.09mg/L 以下
		ホルムアルデヒド	0.08mg/L 以下
セレンおよびその化合物	セレンの量に関して, 0.01mg/L 以下	亜鉛およびその化合物	亜鉛の量に関して, 1.0mg/L 以下
鉛およびその化合物	鉛の量に関して, 0.01mg/L 以下	アルミニウムおよびその化合物	アルミニウムの量に関して, 0.2mg/L 以下
砒素およびその化合物	砒素 47 の量に関して, 0.01mg/L 以下	鉄およびその化合物	鉄の量に関して, 0.3mg/L 以下
六価クロム化合物	六価クロムの量に関して, 0.02mg/L 以下	銅およびその化合物	銅の量に関して, 1.0mg/L 以下
亜硝酸性窒素	0.04mg/L 以下	ナトリウムおよびその化合物	ナトリウムの量に関して, 200mg/L 以下
シアン化物イオンおよび塩化シアン	シアンの量に関して, 0.01mg/L 以下	マンガンおよびその化合物	マンガンの量に関して, 0.05mg/L 以下
硝酸態窒素および亜硝酸性窒素	10mg/L 以下	塩化物イオン	200mg/L 以下
ふっ素およびその化合物	ふっ素の量に関して, 0.8mg/L 以下	カルシウム, マグネシウム等(硬度)	300mg/L 以下
ほう素およびその化合物	ほう素の量に関して, 1.0mg/L 以下	蒸発残留物	500mg/L 以下
		陰イオン界面活性剤	0.2mg/L 以下
四塩化炭素	0.002mg/L 以下	ジェオスミン	0.00001mg/L 以下
1,4-ジオキサン	0.05mg/L 以下	2-メチルイソボルネオール	0.00001mg/L 以下
シス-1,2-ジクロロエチレンおよびトランス-1,2-ジクロロエチレン	0.04mg/L 以下	非イオン界面活性剤	0.02mg/L 以下
		フェノール類	フェノールの量に換算して, 0.005mg/L 以下
ジクロロメタン	0.02mg/L 以下		
テトラクロロエチレン	0.01mg/L 以下	有機物(全有機炭素(TOC)の量)	3mg/L 以下
トリクロロエチレン	0.01mg/L 以下	pH 値	5.8 以上 8.6 以下
ベンゼン	0.01mg/L 以下	味	異常でないこと
塩素酸	0.6mg/L 以下	臭気	異常でないこと
クロロ酢酸	0.02mg/L 以下	色度	5 度以下
クロロホルム	0.06mg/L 以下	濁度	2 度以下
ジクロロ酢酸	0.03mg/L 以下	（空白）	（空白）

表 3–5　水道水水質管理目標設定項目と目標値（27 項目）

2020 年（令和 2 年）4 月 1 日施行

項　目	目標値	項　目	目標値
アンチモンおよびその化合物	アンチモンの量に関して, 0.02mg/L 以下	マンガンおよびその化合物	マンガンの量に関して, 0.01mg/L 以下
ウランおよびその化合物	ウランの量に関して, 0.002mg/L 以下（暫定）	遊離炭酸	20mg/L 以下
		1,1,1-トリクロロエタン	0.3mg/L 以下
ニッケルおよびその化合物	ニッケルの量に関して, 0.02mg/L 以下	メチル-t-ブチルエーテル	0.02mg/L 以下
		有機物等(過マンガン酸カリウム消費量)	3mg/L 以下
1,2-ジクロロエタン	0.004mg/L 以下	臭気強度（TON）	3 以下
トルエン	0.4mg/L 以下	蒸発残留物	30mg/L 以上 200mg/L 以下
フタル酸ジ(2-エチルヘキシル)	008mg/L 以下		
亜塩素酸	0.6mg/L 以下	濁度	1 度以下
二酸化塩素	0.6mg/L 以下	pH 値	7.5 程度
ジクロロアセトニトリル	0.01mg/L 以下（暫定）	腐食性（ランゲリア指数）	－1 程度以上とし, 極力 0 に近づける
抱水クロラール	0.02mg/L 以下（暫定）	従属栄養細菌	1mLの検水で形成される集落数が2,000以下(暫定)
農薬類	検出値と目標値の比の和として, 1 以下		
残留塩素	1mg/L 以下	1,1－ジクロロエチレン	0.1mg/L以下
カルシウム, マグネシウム等（硬度）	10mg/L 以上 100mg/L 以下	アルミニウムおよびその化合物	アルミニウムの量に関して, 0.1mg/L 以下
		ペルフルオロオクタンスルホン酸(PFOS)及びペルフルオロオクタン酸(PFOA)	ペルフルオロオクタンスルホン酸（PFOS)及びペルフルオロオクタン酸（PFOA)の量の和として 0.00005mg/L以下（暫定）

表 3-7　水道水農薬類（目 15）の対象農薬リスト

(令和 3 年 4 月 1 日施行)

項目	目標値 (mg/L)	項目	目標値 (mg/L)
1,3-ジクロロプロペン(D-D)[注 1]	0.05	チオジカルブ	0.08
2,2-DPA（ダラポン）	0.08	チオファネートメチル	0.3
2,4-D（2,4-PA）	0.02	チオベンカルブ	0.02
EPN[注 2]	0.004	テフリルトリオン	0.002
MCPA	0.005	テルブカルブ（MBPMC）	0.02
アシュラム	0.9	トリクロピル	0.006
アセフェート	0.006	トリクロルホン（DEP）	0.005
アトラジン	0.01	トリシクラゾール	0.1
アニロホス	0.003	トリフルラリン	0.06
アミトラズ	0.006	ナプロパミド	0.03
アラクロール	0.03	パラコート	0.005
イソキサチオン[注 2]	0.005	ピペロホス	0.0009
イソフェンホス[注 2]	0.001	ピラクロニル	0.01
イソプロカルブ（MIPC）	0.01	ピラゾキシフェン	0.004
イソプロチオラン（IPT）	0.3	ピラゾリネート（ピラゾレート）	0.02
イプロベンホス（IBP）	0.09	ピリダフェンチオン	0.002
イミノクタジン	0.006	ピリブチカルブ	0.02
インダノファン	0.009	ピロキロン	0.05
エスプロカルブ	0.03	フィプロニル	0.0005
エトフェンプロックス	0.08	フェニトロチオン（MEP）[注 2]	0.01
エンドスルファン(ベンゾエピン)[注 3]	0.01	フェノブカルブ（BPMC）	0.03
オキサジクロメホン	0.02	フェリムゾン	0.05
オキシン銅（有機銅）	0.03	フェンチオン（MPP）[注 10]	0.006
オリサストロビン[注 4]	0.1	フェントエート（PAP）	0.007
カズサホス	0.0006	フェントラザミド	0.01
カフェンストロール	0.008	フサライド	0.1
カルタップ[注 5]	0.08	ブタクロール	0.03
カルバリル（NAC）	0.02	ブタミホス[注 2]	0.02
カルボフラン	0.0003	ブプロフェジン	0.02
キノクラミン（ACN）	0.005	フルアジナム	0.03
キャプタン	0.3	プレチラクロール	0.05
クミルロン	0.03	プロシミドン	0.09
グリホサート[注 6]	2	プロチオホス[注 2]	0.007
グルホシネート	0.02	プロピコナゾール	0.05
クロメプロップ	0.02	プロピザミド	0.05
クロルニトロフェン(CNP)[注 7]	0.0001	プロベナゾール	0.05
クロルピリホス[注 2]	0.003	ブロモブチド	0.1
クロロタロニル（TPN）	0.05	ベノミル[注 11]	0.02
シアナジン	0.001	ペンシクロン	0.1
シアノホス（CYAP）	0.003	ベンゾビシクロン	0.09
ジウロン（DCMU）	0.02	ベンゾフェナップ	0.005
ジクロベニル（DBN）	0.03	ベンタゾン	0.2
ジクロルボス（DDVP）	0.008	ペンディメタリン	0.3
ジクワット	0.01	ベンフラカルブ	0.02
ジスルホトン(エチルチオメトン)	0.004	ベンフルラリン（ベスロジン）	0.01
ジチオカルバメート系農薬[注 8]	0.005(二硫化炭素として)	ベンフレセート	0.07
ジチオピル	0.009	ホスチアゼート	0.003
シハロホップブチル	0.006	マラチオン（マラソン）[注 2]	0.7
シマジン（CAT）	0.003	メコプロップ（MCPP）	0.05
ジメタメトリン	0.02	メソミル	0.03
ジメトエート	0.05	メタラキシル	0.2
シメトリン	0.03	メチダチオン（DMTP）	0.004
ダイアジノン[注 2]	0.003	メトミノストロビン	0.04
ダイムロン	0.8	メトリブジン	0.03
ダゾメット，メタム（カーバム）及びメチルイソチオシアネート[注 9]	0.01（メチルイソチオシアネートとして）	メフェナセット	0.02
チアジニル	0.1	メプロニル	0.1
チウラム	0.02	モリネート	0.005

注 1）1,3-ジクロロプロペン（D-D）の濃度は，異性体であるシス-1,3-ジクロロプロペン及びトランス-1,3-ジクロロプロペンの濃度を合計して算出すること。
注 2）有機リン系農薬のうち，EPN，イソキサチオン，イソフェンホス，クロルピリホス，ダイアジノン，フェニトロチオン（MEP），ブタミホス及びマラチオン（マラソン）の濃度については，それぞれのオキソン体の濃度も測定し，それぞれの原体の濃度と，そのオキソン体それの濃度を原体に換算した濃度を合計して算出すること。
注 3）エンドスルファン（ベンゾエピン）の濃度は異性体である α-エンドスルファン及び β-エンドスルファンに加えて，代謝物であるエンドスルフェート（ベンゾエピンスルフェート）も測定し，α-エンドスルファン及び β-エンドスルファンの濃度とエンドスルフェート（ベンゾエピンスルフェート）の濃度を原体に換算した濃度を合計して算出すること。
注 4）オリサストロビンの濃度は，代謝物である（5Z）-オリサストロビンの濃度を測定し，原体の濃度と，その代謝物の濃度を原体に換算した濃度を合計して算出すること。
注 5）カルタップの濃度は，ネライストキシンとして測定し，カルタップに換算して算出すること。
注 6）グリホサートの濃度は，代謝物であるアミノメチルリン酸（AMPA）も測定し，原体の濃度とアミノメチルリン酸（AMPA）の濃度を原体に換算した濃度を合計して算出すること。
注 7）クロルニトロフェン（CNP）の濃度は，アミノ体の濃度も測定し，原体の濃度とアミノ体の濃度を原体に換算した濃度を合計して算出すること。
注 8）ジチオカルバメート系農薬の濃度は，ジネブ，ジラム，チウラム，プロピネブ，ポリカーバメート，マンゼブ（マンコゼブ）及びマンネブの濃度を二硫化炭素に換算して合計して算出すること。
注 9）ダゾメット及びメタム（カーバム）の濃度は，メチルイソチオシアネート（MITC）として測定し，原体に換算して算出すること。
注 10）フェンチオン（MPP）の濃度は，酸化物である MPP スルホキシド，MPP スルホン，MPP オキソン，MPP オキソンスルホキシド及び MPP オキソンスルホンの濃度も測定し，フェンチオン（MPP）の原体の濃度と，その酸化物それぞれの濃度を原体に換算した濃度を合計して算出すること。
注 11）ベノミルの濃度は，メチル-2-ベンツイミダゾールカルバメート（MBC）として測定し，ベノミルに換算して算出すること。

■参考文献

1）『厚生労働白書（平成 28 年版)』，厚生労働省（2016 年 6 月).

2）荒田洋治，『水の書』，共立出版（1998).

3）T. G. Spiro, W. M. Stigliani（岩田元彦，竹下英一訳),『地球環境の化学』，学会出版センター（2002).

4 水環境と保全

2章で述べたように，水は地球上を循環し，その過程で多くの無機成分や有機成分を運搬している。その結果，地球における物質の循環や生物の存在において重要な役割を担っている。

本章では，まず，水環境の保全の必要性と保全のための基本的な考え方や水汚染の要因について述べる。次に，日本において水環境を保全するためにとられている規制体制や保全のための計画について紹介する。さらに，汚染の状況と対策などについて述べる。

4-1 水環境と水循環

水は，太陽熱により蒸発し，降雨として地表に降り注ぐ。降雨は土壌に保水され，表流水や地下水として土壌と相互に関連し，河川として流下し，湖沼や海に流入する。そして，こうした過程で再び蒸発して降雨になるというサイクルで循環している。これを水循環系という。こうした自然の水循環は，自然の営みに必要な水量を確保したり，水質を自然浄化するなど多くの機能を有し，大気や土壌と密接な関係を保ちながら，多種多様な生命を養い，生態系を維持している。

人類の存続にとって，水は不可欠である。人類は農業などの産業や日常生活において様々な形で水を利用してきた。水を利用しやすくしたり，洪水などの災害を防ぐために，河川や湖沼などの改修を行ってきた。さらに，森林の伐採や農地化・宅地化など様々な開発を行ってきた。特に近年の都市部への人口や産業の集中に伴う都市域の拡大や産業構造の変化を反映して，河川を含む自然環境を大きく変化させ，多量の水を使用し，また，多くの汚染物質を水環境に排出した。その結果，自然の水循環系が急激に変化し，湧水の枯渇や河川流量の減少などが生じたり，水質の汚染が深刻となり，生態系，特に水生生物への悪影響が生ずるなど様々な問題が発生した。

4-2 水環境の保全

4-2-1 水環境保全の意義

人間にとって，水，特に淡水は飲料水として重要であるほか，農業や工業などの生産活

動をはじめとするあらゆる社会活動の前提条件となる。水は再利用が可能な資源のひとつと考えることができる。水環境を保全することは，資源としての水を保全し，人間の生命や生活，ひいては社会を維持する上で重要である。

　水は水生生物はもちろん，陸上生物の生命基盤となる点でも重要である。水環境の保全はこうした生態系の維持に不可欠である。水環境が悪化すれば，生態系のバランスが崩れ，生物によっては死滅する可能性があるからである。富栄養化による水質の変化は魚介類などの水生生物に重大な影響を与えた。また，水中の病原菌や化学物質，有害金属などにより疾病が発生した例があった。水環境の保全は，生態系を維持し自然環境を守るためにも不可欠であり，そのためには水辺空間も含めた保全が必要である。

4-2-2　水環境保全の方法

　以上述べたように，水環境の保全は，生態系の保護とともに，人類の安全のためにも重要である。そして，水環境の保全のためには，水質・水量，水生生物などの生態系の保全とともに，水辺の地域も含めた総合的な対策が必要である。

　これらのうち，特に問題となっているのは水質の保全である。人間の様々な活動により，多くの物質が水環境中に排出されてきている。こうした人為的な要因による水環境への負荷が，自然の水循環における浄化能力を超えれば水質の悪化が起こる。そこで，工場の排水などについては，処理することにより排出される汚染物質を減少させる必要がある。一般家庭の排水については，下水道などの排水処理工程が必要である。また，こうした処理が適切に行われ，水環境に負荷をかけすぎていないかどうかを監視する必要がある。そのために，適切な基準を設け，水質を監視するとともに，基準を超えた場合は対応策をとる必要がある。

4-2-3　水環境汚染の要因

　水環境を汚染する原因をみて見よう（表4-1）。かつては，1880年代の足尾銅山精錬所の鉱滓の川への流出カドミウムなどの汚染，1940年代半ばからの富山県神通川でのカドミウムによるイタイイタイ病（p.98参照）など鉱山からの廃水による河川や湖沼の汚染が大きな課題であった。また1956年に確認された熊本県水俣湾のアルキル水銀による水俣病，その後も1965年に確認された新潟県阿賀野川での新潟水俣病など工場排水による人への健康影響が，今もなお続いている。工場排水については，排水規制が強化され，

表4-1　水環境汚染の要因

要　因		要　因	
鉱業排水	鉱山，鉱業事業場からの排水	農　業	肥料・堆肥・農薬などの流出
工場排水	工場・事業場からの排水	事故など	有害物質・油・放射性物質などの流出
生活排水	調理，洗濯，入浴など人間の日常生活に伴う排水	底　質	沈殿・堆積した栄養塩類・化学物質などの溶出
降　雨	市街地や農地などから流出	自　然	火山など

効果的な対策がとられてきている。これに対して，生活排水については下水道整備など
の対策が進んでいるが，地域によっては不十分なところもある。例えば，人口や産業が
集中する都市を流域とする河川や，集水域で都市化が進んでいる湖沼では生活排水によ
る汚染が問題となっている。生活排水中の汚濁負荷量については，台所からの負荷が約4
割，し尿が3割，風呂が2割，洗濯が1割といわれている。

　工場排水や生活排水以外の原因として，降雨などによる市街地や農地などからの流出
がある。農地などで使用された過剰の肥料や農薬も汚染原因となる。また，事故や不手
際による有害物質や油などの流出も原因となる。さらに，底質から，過去に沈殿，堆積
した栄養塩類や水に溶けにくい化学物質などが溶出することがある。こうした人為的要
因による汚染以外に，自然的な要因による汚染もあり，例えば火山地帯における河川や
湖沼の酸性化があげられる。

　水環境に流入した物質は，水質を汚染するほか，底質の汚染なども引き起こす。こう
した物質が主に何を汚染するのかは，流入の状況や河川などの状況のほか，物質自体の
性質にも依存する。たとえば，水溶性の物質であれば主に水質を汚染し，水より重く水
に溶けにくい物質であれば，主に底質汚染を引き起こし，その後，水に徐々に溶出した
り，底質が巻き上げられたりして，長期にわたって水質を汚染する可能性が考えられる。

生活排水

　「生活排水」とはトイレ，台所，洗濯，風呂などから出される生活に起因する排水のことで，
1人が1日に使う水の量は250 mLにのぼる。また生活排水のうち，し尿を除く排水のことを
「生活雑排水」といい，台所，洗濯，風呂などから出される排水のことをいう。
　1人が生活排水として出す総BODは43 g/人/日で，その40％は台所からでBOD 17 g，
洗濯・風呂・その他が30％で13 g，し尿は30％で13 gである。
　このように人の日常生活に伴って排出される生活排水は，公共用水域の水質汚濁の主要な原
因となっている。下の表は台所からの何気なく流しているものは，どれほど川や海を汚すこと
になるのかを見たものである。

日常の食事から出て流しているものの汚染負荷状況

流すもの	BOD	魚が棲める水質（BOD：5 mg/L以下）にするために風呂バスタブ（300 L）が何杯分必要か
てんぷら油使用済み　500 mL	750 g	バスタブ500杯（150,000 L）
牛乳　500 mL	16 g	バスタブ11杯（3,300 L）
味噌汁（じゃがいも）　180 mL	7 g	バスタブ4.7杯（1,410 L）
米のとぎ汁　500 mL	6 g	バスタブ4杯（1,200 L）
中濃ソース　大さじ1（15 mL）	2 g	バスタブ1.3杯（390 L）

　環境省「生活排水読本」を参考に作成。
　魚が棲める水質（BOD：5 mL以下）にするために，てんぷらなど揚げ物の使用済油を例にすると，BODの
負荷量が油500 mLに対して300 Lのバスタブで500杯必要とは驚きである。使用済みてんぷら油などは新聞紙
などに吸わせて，燃えるごみで処理したい。

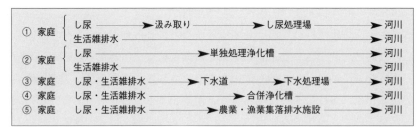

生活排水の主な処理方法の過程

多くの市町村の上水は河川から取水し浄水場で処理し水道水として配水される。それだけに生活排水による河川や海の汚染は安全な水道水のためだけでなく，魚など種々の生物への影響が大きい。

4-3　水環境保全の体制

4-3-1　水環境保全と環境基本法

　日本では公害対策基本法と自然環境保全法の2つの法律に基づいて公害・環境対策がとられてきた。その結果，工場排水などを規制することにより種々の公害問題を解決してきた。その後，海域汚染などの地球規模の環境問題とともに，一般の人々の日常生活で生ずる家庭排水やゴミなどの生活公害問題が深刻となり，従来の工場などの規制を主体とした対策だけでは十分ではないことがわかった。そこで1993（平成5）年11月に，総合的な環境政策を展開するための枠組みとして環境基本法が制定された。

　環境基本法に基づく水質汚濁に係る環境基準として，人の健康の保護に関する環境基準（健康項目）と生活環境の保全に関する環境基準（生活環境項目），水生生物の保全に関する環境基準がある（表4-2）。さらに，要調査項目に対する指針値やゴルフ場で使用される農薬に対する暫定指導指針，公共用水域等における農薬に対する水質評価指針値が示されている。

表4-2　環境基本法における水環境保全

対象	環境基準
公共用水域	人の健康の保護に関する環境基準
	生活環境の保全に関する環境基準
	水生生物の保全に関する環境基準
地下水	人の健康の保護に関する環境基準

環境基本法

環境に関する分野における国の政策の基本的な方向を示した法律

1993年制定，施行

目　的
　環境保全に関する施策を総合的かつ計画的に推進
　現在〜将来の国民の健康で文化的生活の確保に寄与
　人類の福祉に貢献

概　要
　環境の保全について，基本理念を定める。
　国，地方公共団体，事業者，国民の責務を明示。
　環境保全に関する施策の基本事項を定める。

4-3-2　環境基本法と放射能汚染

環境放射能汚染防止策を環境基本法に組み入れることとなった。

2011年3月，東京電力福島第一原子力発電所の事故による大気や土壌，河川，湖沼，森林などがセシウム137などの放射性物質によって，その汚染は甚大なものとなっている。しかし，これらの放射能汚染に対処する法的な根拠がなかったが，2012年6月衆議院で環境基本法の適用対象とすることが可決し，2012年9月19日から施行となった。対象放射性物質はセシウム134，セシウム137およびストロンチウム90である。

4-3-3　環境基本計画と水環境の保全

環境基本計画は，環境基本法第15条（平成5年法律第91号）を受けて，政府全体の環境の保全に関する総合的かつ長期的な施策の大綱を定め，環境行政の道筋を示すものである。環境基本法は，1992年（平成4年6月）にブラジルで開催された地球サミットの成果を踏まえ，環境政策の枠組を再構築することに向け，1992年7月以降具体的な法制のあり方について検討が進められた。

第一次環境基本計画は1994年（平成6年）12月6日閣議決定され，「循環」，「共生」，「参加」および「国際的取組」が実現される社会を構築することを長期的な目標としてかかげた。

その後，第四次環境基本計画が2012年4月7日に閣議決定された。2011年3月11日に東日本大震災の発生により膨大な量の災害廃棄物の発生，一方，原子力発電所事故による炉心溶融（メルトダウン）によって広大な地域に放射性物質が拡散し，環境汚染などの未曾有の甚大な被害が生じた。

このため，第四次環境基本計画は，東日本大震災およびそれに伴う原子力発電所事故の影響や，グリーン経済に関する国際的な議論，地球環境問題に関する国際交渉の状況等を踏まえたものとなっている。

第三次環境基本計画との主な違いとして，以下の3点があげられる。

1. 環境行政の究極目標である持続可能な社会を，「低炭素」・「循環」・「自然共生」の各分野を統合的に達成することに加え，「安全」がその基盤として確保される社会であると位置づけている。
2. 「社会・経済のグリーン化とグリーン・イノベーションの推進」，「国際情勢に的確に対応した戦略的取組の推進」，「持続可能な社会を実現するための地域づくり・人づくり，基盤整備の推進」の他6つの事象面で分けた重点分野からなる次のような9つの優先的に取り組む重点分野を定めた。
   1) 経済・社会のグリーン化とグリーン・イノベーションの推進
   2) 国際情勢に的確に対応した戦略的取り組みの推進
   3) 持続可能な社会を実現するための地域づくり・人づくり，基盤整備の推進
   4) 2050年まで80%の温室効果ガスの排出削減を目指す地球温暖化に関する取り組み

5）生物多様性の保全および持続可能な利用に関する取り組み

6）有用な資源の回収・有効活用による資源循環の確保

7）良好な水環境や森・里・川・海の関連を取り戻した水環境保全に関する取り組み

8）大気環境に関する取り組み（光化学オキシダント・PM2.5 およびアスベストやヒートアイランド現象，交通システムなど）

9）包括的な化学物質対策の確立と推進のための取り組み

3. 新たに，自立・分散型エネルギーの導入や災害廃棄物の広域処理等の東日本大震災からの復旧・復興に際しての環境面からの取組や，除染等の放射性物質による環境汚染対策について盛り込まれた。

　第四次環境基本計画においては，目指すべき持続可能な社会とは，「人の健康や生態系に対するリスクが十分に低減され，「安全」が確保されることを前提として，「低炭素」・「循環」・「自然共生」の各分野が，各主体の参加の下で，統合的に達成され，健全で恵み豊かな環境が地球規模から身近な地域にわたって保全される社会」であるとした。

　東日本大震災およびそれに伴う原子力発電所事故を受けて震災復興，放射能物質による環境汚染対策も重要課題である。本計画では「震災復興」，「放射性物質による環境汚染対策」を"章"として別個に取り上げておりその取組内容は，特に，被災地における，（1）自立・分散型エネルギーの導入と推進，（2）広域処理を含む災害廃棄物の処理，（3）失われた生物多様性の回復等の取り組みについて進めるとした。

　第5次環境基本計画は 2018 年 4 月 17 日閣議決定された。

（1）本計画は，SDGs，パリ協定採択後に初めて策定される環境基本計画である。

　SDGs の考え方も活用しながら，分野横断的な以下に示すような 6 つの「重点戦略」を設定し，環境政策による経済社会システム，ライフスタイル，技術などあらゆる観点からのイノベーションの創出や，経済・社会的課題の「同時解決」を実現し，将来に渡って質の高い生活をもたらす「新たな成長」につなげていくこととしている。

①持続可能な生産と消費を実現するグリーンな経済システムの構築

②国土のストックとしての価値の向上

③地域資源を活用した持続可能な地域づくり

④健康で心豊かな暮らしの実現

⑤持続可能性を支える技術の開発・普及

⑥国際貢献による我が国のリーダーシップの発揮と戦略的パートナーシップ

（2）その中で，地域の活力を最大限に発揮する「地域循環共生圏」の考え方を新たに提唱し，各地域が自立・分散型の社会を形成しつつ，地域の特性に応じて資源を補完し支え合う取組を推進していくこととしている。

4-3-4　公共用水域と地下水の保全

(1) 公共用水域とは

　公共用水域とは，公共の用に供される河川，湖沼，港湾，沿岸海域などの水域のことである。さらに，これらに接続する公共の溝渠（給排水のための溝）や水路も含まれる。ただし処理施設のある下水道は含まれない。公共用水域の水質を保全するために，水質汚濁防止法により，都道府県知事は公共用水域や地下水の水質を常時監視するように義務付けられている。そこで，毎年測定計画を作成し，環境基準の設定されている項目の測定を行うととも，その状況を公表することになっている。

(2) 公共用水域の監視

　水域の利用目的や水質汚濁の状況，水質汚濁源となる工場の立地状況などを考慮して，公共用水域にたいして水域類型の指定が行われている。水域類型は，河川では6類型，湖沼では4類型，また，海域では3類型に分類されている。水域類型の指定は，政令で定める特定の水域については環境大臣が行い，その他の水域については都道府県知事が行う。

　類型指定された水域については，環境基準が適用される。類型指定された水域は全国で3,200以上ある。また，一部の湖沼や海域については，全窒素・全リンの環境基準が適用される。こうした水域は全国で約100，また公共用水域において水質測定が行われている地点は，全国で約8,800ある。測定地点のうち，その水域の水質を代表する地点で，環境基準の達成状況を把握するための測定点を環境基準地点という。環境基準地点は各水域に1地点以上あり，全国では約7,300である。環境基準地点では，原則として毎月1回以上の水質測定が実施されている。測定点のうち，環境基準地点以外の測定点を補助地点という。補助地点は，基準地点の測定において参考資料となる測定データを得ることを目的に設置されている。

(3) 地下水の監視

　地下水を保全するために，環境基本法では，公共用水域の「人の健康の保護に関する環境基準」に相当する環境基準を設置している。地下水の監視は主に既存の井戸を用いて行われる。監視調査には概況調査，汚染井戸周辺地区調査，および定期モニタリング調査がある。

　概況調査は，地域の全体的な地下水質の状況を把握するための調査で，原則として，前年度の概況調査で対象とした井戸とは異なる井戸について調査している。この点で同一地点で定期的に調査をする公共用水域の監視とは異なる。年間に全国の5,000か所前後の地点で調査が行われている。

　汚染井戸周辺地区調査は，概況調査などで発見された地下水汚染について，その汚染範囲や汚染の程度を確認することを目的として行われる調査である。年度により異なるが，毎年全国の1,500〜3,500か所程度の地点で調査が行われている。

　定期モニタリング調査は，汚染井戸周辺地区調査が行われた地下水汚染について，継

58

続的に監視し汚染の推移を調べることなどを目的として行われる調査である。毎年全国の 4,000 〜 5,000 か所程度の地点で調査が行われている。

4-3-5　基準の改定

　水質汚濁に係る規制基準の強化，工場などの事業所における汚染防止対策が効果をあげ，黄色い水，赤い水，白い水が流れていた各地の河川に透明度も増し清流が戻りつつあるかに見える。しかし私たちの日常生活に伴う生活排水の浄化施設の整備がまだ十分でないこと，また開放系の多い農業生産活動による肥料の使用は窒素化合物，リン化合物の河川や湖沼への流入，そして湖沼や海域の富栄養化を招来する。除草剤や殺虫剤・殺菌剤の放出，拡散汚染は農薬による人の健康への影響のみならず動植物の生態系へ，ことに水生生物に何らかの影響を及ぼす可能性を無視できなくなってきた。

　水質汚濁に係る環境基準は現在カドミウム，鉛などの重金属類，トリクロロエチレンなどの有機塩素化合物，シマジンなどの農薬などの 26 項目の健康項目，BOD, COD, DO, 全窒素，全リンなどの生活環境項目に基準が定められている。

　これまでの水質環境基準は「人の健康に対する悪影響を生じさせないという観点」から基準が定められている水道水基準の考え方に準拠したものであった。しかし近年欧米

BOD（生物化学的酸素要求量；Biochemical Oxygen Demand）

　水中の有機物が微生物の働きによって分解されるときに消費される酸素の量。単位は mg/L。河川などの有機汚濁を測る代表的な指標。値が大きいほど水質汚濁は著しい。
　BOD は図に示されるように，比較的酸化分解が容易な炭素系有機物による第 1 段階の酸素消費は，通常 20℃で 7 〜 10 日程度で終了する。次いで第 2 段階の酸素消費は窒素系有機物やアンモニアの酸化分解が始まり，最後は硝化まで進み約 100 日程度かかる。BOD の測定は 20℃，5 日間の酸素消費量をもって mg/L で表される。測定された BOD 値は第 1 段階の約 70 ％に相当する。

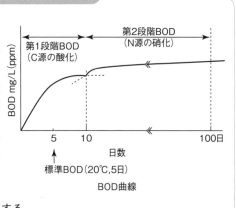

DO（溶存酸素；Dissolved Oxygen）

　水中に溶けている酸素量。単位は mg/L。水温，気圧，塩分，水の汚濁の程度などにより変化する。一般に，水温の低い冬季に高く，夏季に低い。汚濁の進んでいる水では消費される酸素量が多いため，溶存酸素量は減少する。

COD（化学的酸素要求量；Chemical Oxygen Demand）

　水中の汚物を化学的に酸化し，安定させるのに必要な酸素の量。単位は mg/L。海水などの有機汚濁を測る代表的な指標。値が大きいほど水質汚濁は著しい。

諸国では人の健康保護の観点のみならず，水生生物や生態系への影響にも着目した関連法律の整備が進んでいる。2000年に策定された新環境基本計画では「水生生物への影響に着目した環境基準の検討の必要性，生態系への化学物質の影響の重要性」が指摘された。

このような背景から「化学物質の審査及び製造等の規制に関する法律（化審法）」の一部が『生態系への影響を考慮する観点から見た動植物への毒性』を化学物質の審査項目に新たに加え，2013（平成25）年3月27日に法改正を行った。

4-3-6　健康項目，生活環境項目と要監視項目

健康項目については，公共用水域および地下水に対して各々，一律に基準値が定められている（表4-3）。健康項目には27項目がある。これに対して，生活環境項目については，河川，湖沼，海域ごとに利用目的に応じて3〜6段階の水域類型を設け，各々に基準値が定められている（表4-4〜表4-6）。なお，ここで対象となる湖沼は，天然湖沼と貯水量1,000万m³以上の人工湖である。生活環境項目としてBODなど5項目について環境基準が定められている。また，富栄養化を防止するため，湖沼および海域では全窒素および全リンについて環境基準が定められている（表4-7，表4-8）。さらに，河川，湖沼および海域の水生生物を保全するための環境基準が設定された（表4-9）。

表4-3　人の健康の保護に関する環境基準（健康項目）
地下水の水質汚濁に係る環境基準＊

項　目	基準値	項　目	基準値
カドミウム	0.003 mg/L以下	1,1,2-トリクロロエタン	0.006 mg/L以下
全シアン	検出されないこと	トリクロロエチレン	0.01 mg/L以下
鉛	0.01 mg/L以下	テトラクロロエチレン	0.01 mg/L以下
六価クロム	0.05 mg/L以下	1,3-ジクロロプロペン	0.002 mg/L以下
砒素	0.01 mg/L以下	チウラム	0.006 mg/L以下
総水銀	0.0005 mg/L以下	シマジン	0.003 mg/L以下
アルキル水銀	検出されないこと	チオベンカルブ	0.02 mg/L以下
PCB	検出されないこと	ベンゼン	0.01 mg/L以下
ジクロロメタン	0.02 mg/L以下	セレン	0.01 mg/L以下
四塩化炭素	0.002 mg/L以下	硝酸性窒素および亜硝酸性窒素	10 mg/l以下
1,2-ジクロロエタン	0.004 mg/L以下	ふっ素（海水は除く）	0.8 mg/L以下
1,1-ジクロロエチレン	0.1 mg/L以下	ほう素（海水は除く）	1 mg/L以下
シス-1,2-ジクロロエチレン	0.04 mg/L以下	1,4-ジオキサン	0.05 mg/L以下
1,1,1-トリクロロエタン	1 mg/L以下		

＊地下水の水質汚濁に係る環境基準値と人の健康の保護に関する環境基本値は同じ

環境基準は，「維持されることが望ましい基準」であり，国や地方公共団体が公害の防止や環境保全に関する施策を講ずる際の目標となる値である。健康項目について環境基準を達成しているかどうかの評価は，項目によって異なる。全シアンについては，同一測定点における年間の最高値が環境基準を満たしている場合に環境基準達成地点と判断される。その他の項目については，同一測定点における年間の平均値が環境基準を満た

表4–4　生活環境の保全に関する環境基準（河川）

項目 / 類型	利用目的の適応性	基準値				
		水素イオン濃度（pH）	生物化学的酸素要求量（BOD）	浮遊物質量（SS）	溶存酸素量（DO）	大腸菌群数
AA	自然環境保全[1]水道1級[2]及びA以下の欄に掲げるもの	6.5以上8.5以下	1 mg/L以下	25 mg/L以下	7.5 mg/L以上	50MPN/100 mL 以下
A	水道2級[3]水産1級[4]水浴及びB以下の欄に掲げるもの	6.5以上8.5以下	2 mg/L以下	25 mg/L以下	7.5 mg/L以上	1,000MPN/100mL 以下
B	水道3級[5]水産2級[6]及びC以下の欄に掲げるもの	6.5以上8.5以下	3 mg/L以下	25 mg/L以下	5 mg/L以上	5,000MPN/100 mL 以下
C	水産3級[7]工業用水1級[8]及びD以下の欄に掲げるもの	6.5以上8.5以下	5 mg/L以下	50 mg/L以下	5 mg/L以上	－
D	工業用水2級[9]農業用水及びEの欄に掲げるもの	6.0以上8.5以下	8 mg/L以下	100 mg/L以下	2 mg/L以上	－
E	工業用水3級[10]環境保全[11]	6.0以上8.5以下	10 mg/L以下	ゴミ等の浮遊が認められないこと。	2 mg/L以上	－

備考
1　自然環境保全　：自然探勝等の環境保全
2　水道1級　　　：ろ過等による簡易な浄水操作を行うもの
3　水道2級　　　：沈殿ろ過などによる通常の浄水操作を行うもの
4　水産1級　　　：ヤマメ，イワナなど貧腐水性水域の水産生物用ならびに水産2級および水産3級の水産生物用
5　水道3級　　　：前処理などを伴う高度の浄水操作を行うもの
6　水産2級　　　：サケ科魚類およびアユなど貧腐水性水域の水産生物用および水産3級の水産生物用
7　水産3級　　　：コイ，フナなど，β-中腐水性水域の水産生物用
8　工業用水1級　：沈殿などによる通常の浄水操作を行うもの
9　工業用水2級　：薬品注入などによる高度の浄水操作を行うもの
10　工業用水3級　：特殊の浄水操作を行うもの
11　環境保全　　　：国民の日常生活（沿岸の遊歩等を含む。）において不快感を生じない限度

浮遊物質（SS ； Suspended Solids）

　水中に浮遊・懸濁している粒子状物質で，水のにごりの原因となる。SSには，粘土鉱物の微粒子，プランクトンやその死骸・分解物，有機物，金属などの微小な固形物が含まれる。SSは，試料水を孔径1μmのガラス繊維ろ紙でろ過し，ろ紙を乾燥後，ろ紙上の量を秤量する。単位は.mg/L。

表4-5　生活環境の保全に関する環境基準（天然湖沼および貯水量 1,000 万 m³ 以上であり，かつ，水の滞留時間が 4 日以上である人工湖）

類型\項目	利用目的の適応性	基準値				
		水素イオン濃度 (pH)	化学的酸素要求量 (COD)	浮遊物質量 (SS)	溶存酸素量 (DO)	大腸菌群数
ＡＡ	自然環境保全[2] 水道1級[3] 水産1給[4] およびA以下の欄に掲げるもの	6.5 以上 8.5 以下	1 mg/L 以下	1 mg/L 以下	7.5 mg/L 以上	50MPN/ 100 mL 以下
Ａ	水道2, 3級[5] 水産2級[6] 水浴 およびB以下の欄に掲げるもの	6.5 以上 8.5 以下	3 mg/L 以下	5 mg/L 以下	7.5 mg/L 以上	1,000MPN/ 100mL 以下
Ｂ	水産3級[7] 工業用水1級[8] 農業用水 およびC以下の欄に掲げるもの	6.5 以上 8.5 以下	5 mg/L 以下	15 mg/L 以下	5 mg/L 以上	－
Ｃ	工業用水2級[9] 環境保全[10]	6.0 以上 8.5 以下	8 mg/L 以下	ゴミ等の浮遊が認められないこと。	2 mg/L 以上	－

1　水産1級，水産2級および水産3級については，当分の間，浮遊物質量の項目の基準値は適用しない。
2　自然環境保全：自然探勝などの環境保全
3　水道1級　　：ろ過などによる簡易な浄水操作を行うもの
4　水産1級　　：ヒメマスなど貧栄養湖型の水域の水産生物用ならびに水産2級および水産3級の水産生物用
5　水道2, 3級　：沈殿ろ過などによる通常の浄水操作，または，前処理などを伴う高度の浄水操作を行うもの
6　水産2級　　：サケ科魚類及びアユなど貧栄養湖型の水域の水産生物用および水産3級の水産生物用
7　水産3級　　：コイ，フナなど富栄養湖型の水域の水産生物用
8　工業用水1級：沈殿などによる通常の浄水操作を行うもの
9　工業用水2級：薬品注入などによる高度の浄水操作，または，特殊な浄水操作を行うもの
10　環境保全　　：国民の日常生活（沿岸の遊歩等を含む。）において不快感を生じない限度

大腸菌群数

　し尿による汚染の指標。大腸菌群数は大腸菌および大腸菌と性質が似ている細菌の数のことをいう。単位は，MPN/100 mL で，MPN は最確数である。大腸菌群数試験で示される大腸菌群（*Coliform bacteria*）とは，細菌分類学上の大腸菌（*Escherichia coli*）よりも広義の意味で，便宜上，グラム染色陰性，無芽胞性の桿菌で乳糖を分解して酸とガスを形成する好気性菌または通性嫌気性菌をいう。大腸菌群数試験で陽性の場合はし尿汚染を受けた可能性があり，その水の中に赤痢菌や腸チフス菌などの微生物が存在する可能性があるということを判断するために行うものである。

表4-6　生活環境の保全に関する環境基準（海域）

類型＼項目	利用目的の適応性	基準値				
		pH	化学的酸素要求量（COD）	溶存酸素量（DO）	大腸菌群数	nヘキサン抽出物質（油分等）
A	自然環境保全[1] 水産1級[2] 水浴 及びB以下の欄に掲げるもの	7.8以上 8.3以下	2 mg/L以下	7.5 mg/L以上	1,000MPN/100 mL以下	検出されないこと。
B	水産2級[3] 工業用水 及びC以下の欄に掲げるもの	7.8以上 8.3以下	3 mg/L以下	5 mg/L以上	－	検出されないこと。
C	環境保全[4]	7.0以上 8.3以下	8 mg/L以下	2 mg/L以上	－	－

1　自然環境保全　：自然探勝等の環境保全
2　水産1級　　　：マダイ，ブリ，ワカメなどの水産生物用ならびに水産2級の水産生物用
3　水産2級　　　：ボラ，ノリなどの水産生物用
4　環境保全　　　：国民の日常生活（沿岸の遊歩等を含む。）において不快感を生じない限度

表4-7　生活環境の保全に関する窒素・リンの環境基準（湖沼）

類型[2]＼項目	利用目的の適応性	基準値[1]	
		全窒素	全リン[3]
I	自然環境保全[4]およびII以下の欄に掲げるもの	0.1 mg/L以下	0.005 mg/L以下
II	水道1，2，3級（特殊なものを除く。）[5] 水産1種[6] 水浴およびIII以下の欄に掲げるもの	0.2 mg/L以下	0.01 mg/L以下
III	水道3級(特殊なもの)[5]およびIV以下の欄に掲げるもの	0.4 mg/L以下	0.03 mg/L以下
IV	水産2種[7]およびVの欄に掲げるもの	0.6 mg/L以下	0.05 mg/L以下
V	水産3種[8] 工業用水 農業用水 環境保全[9]	1 mg/L以下	0.1 mg/L以下

1　基準値は年間平均値とする。
2　水域類型の指定は，湖沼植物プランクトンの著しい増殖を生ずるおそれがある湖沼について行うものとし，全窒素の項目の基準値は，全窒素が湖沼植物プランクトンの増殖の要因となる湖沼について適用する。
3　農業用水については，全リンの項目の基準値は適用しない。
4　自然環境保全：自然探勝などの環境保全
5　水道1級：ろ過などによる簡易な浄水操作を行うもの
　　水道2級：沈殿ろ過などによる通常の浄水操作を行うもの
　　水道3級：前処理などを伴う高度の浄水操作を行うもの（「特殊なもの」とは，臭気物質の除去が可能な特殊な浄水操作を行うものをいう。）
6　水産1種：サケ科魚類およびアユなどの水産生物用ならびに水産2種および水産3種の水産生物用
7　水産2種：ワカサギなどの水産生物用及び水産3種の水産生物用
8　水産3種：コイ，フナなどの水産生物用
9　環境保全：国民の日常生活（沿岸の遊歩等を含む。）において不快感を生じない限度

表 4-8 生活環境の保全に関する窒素・リンの環境基準（海域）

類型[2]	利用目的の適応性	基 準 値[1] 全 窒 素	基 準 値[1] 全 リ ン[3]
I	自然環境保全[3] および II 以下の欄に掲げるもの（水産2種および3種を除く。）	0.2 mg/L 以下	0.02 mg/L 以下
II	水産1種[4] 水浴および III 以下の欄に掲げるもの（水産2種および3種を除く。）	0.3 mg/L 以下	0.03 mg/L 以下
III	水産2種[5] および IV の欄に掲げるもの（水産3種を除く。）	0.6 mg/L 以下	0.05 mg/L 以下
V	水産3種[6] 工業用水 生物生息環境保全[7]	1 mg/L 以下	0.09 mg/L 以下

1 基準値は，年間平均値とする。
2 水域類型の指定は，海洋植物プランクトンの著しい増殖を生ずるおそれがある海域について行うものとする。
3 自然環境保全：自然探勝などの環境保全
4 水産1種：底生魚介類を含め多様な水産生物がバランス良く，かつ，安定して漁獲される
5 水産2種：一部の底生魚介類を除き，魚類を中心とした水産生物が多獲される
6 水産3種：汚濁に強い特定の水産生物が主に漁獲される
7 生物生息環境保全：年間を通して底生生物が生息できる限度

表 4-9 水生生物の保全に関する環境基準（全亜鉛・ノニルフェノール・直鎖アルキルベンゼンスルホン酸及びその塩）

類型		水生生物の生息状況の適応性	基 準 値[1] 全 亜 鉛	基 準 値[1] ノニルフェノール	基 準 値[1] 直鎖アルキルベンゼンスルホン酸及びその塩
河川・湖沼	生物A	イワナ，サケマスなど比較的低温域を好む水生生物およびこれらの餌生物が生息する水域	0.03 mg/L 以下	0.001 mg/L 以下	0.03 mg/L 以下
	生物特A	生物Aの水域のうち，生物Aの欄に掲げる水生生物の産卵場（繁殖場）または幼稚仔の生育場として特に保全が必要な水域	0.03 mg/L 以下	0.0006 mg/L 以下	0.02 mg/L 以下
	生物B	コイ，フナ等比較的高温域を好む水生生物およびこれらの餌生物が生息する水域	0.03 mg/L 以下	0.002 mg/L 以下	0.05 mg/L 以下
	生物特B	生物Bの水域のうち，生物Bの欄に掲げる水生生物の産卵場（繁殖場）または幼稚仔の生育場として特に保全が必要な水域	0.03 mg/L 以下	0.002 mg/L 以下	0.04 mg/L 以下
海域	生物A	水生生物の生息する水域	0.02 mg/L 以下	0.001 mg/L 以下	0.01 mg/L 以下
	生物特A	生物Aの水域のうち，水生生物の産卵場（繁殖場）または幼稚仔の生育場として特に保全が必要な水域	0.01 mg/L 以下	0.0007 mg/L 以下	0.006 mg/L 以下

1 水域に生息する魚介類への毒性影響からノニルフェノールを 2012 年に，直鎖アルキルベンゼンスルホン酸及びその塩を 2013 年に環境基準に追加。
2. 基準値は年間平均値とする。

n-ヘキサン抽出物質

水中に含まれる油分などの量を表わす指標。単位は mg/L。油分とは，動植物油脂，脂肪酸，脂肪酸エステル，リン脂質，ワックスグリース，石油系炭化水素などの総称で，これらの不揮発性物質は有機溶媒である n-ヘキサンにより抽出されるので，試料水を n-ヘキサンで抽出し，n-ヘキサンを揮散させた後，溶解していた油分などの量を秤量する。

表 4-10　要監視項目および指針値

項目	指針値	項目	指針値
公共用水域		**地下水**	
クロロホルム	0.06 mg/L 以下	クロロホルム	0.06 mg/L 以下
トランス-1,2-ジクロロエチレン	0.04 mg/L 以下	1,2-ジクロロプロパン	0.06 mg/L 以下
1,2-ジクロロプロパン	0.06 mg/L 以下	p-ジクロロベンゼン	0.2 mg/L 以下
p-ジクロロベンゼン	0.2 mg/L 以下	イソキサチオン	0.008 mg/L 以下
イソキサチオン	0.008 mg/L 以下	ダイアジノン	0.005 mg/L 以下
ダイアジノン	0.005 mg/L 以下	フェニトロチオン（MEP）	0.003 mg/L 以下
フェニトロチオン（MEP）	0.003 mg/L 以下	イソプロチオラン	0.04 mg/L 以下
イソプロチオラン	0.04 mg/L 以下	オキシン銅（有機銅）	0.04 mg/L 以下
オキシン銅（有機銅）	0.04 mg/L 以下	クロロタロニル（TPN）	0.05 mg/L 以下
クロロタロニル（TPN）	0.05 mg/L 以下	プロピザミド	0.008 mg/L 以下
プロピザミド	0.008 mg/L 以下	EPN	0.006 mg/L 以下
EPN	0.006 mg/L 以下	ジクロルボス（DDVP）	0.008 mg/L 以下
ジクロルボス（DDVP）	0.008 mg/L 以下	フェノブカルブ（BPMC）	0.03 mg/L 以下
フェノブカルブ（BPMC）	0.03 mg/L 以下	イプロベンホス（IBP）	0.008 mg/L 以下
イプロベンホス（IBP）	0.008 mg/L 以下	クロルニトロフェン（CNP）	―
クロルニトロフェン（CNP）	―	トルエン	0.6 mg/L 以下
トルエン	0.6 mg/L 以下	キシレン	0.4 mg/L 以下
キシレン	0.4 mg/L 以下	フタル酸ジエチルヘキシル	0.06 mg/L 以下
フタル酸ジエチルヘキシル	0.06 mg/L 以下	ニッケル	―
ニッケル	―	モリブデン	0.07 mg/L 以下
モリブデン	0.07 mg/L 以下	アンチモン	0.02 mg/L 以下
アンチモン	0.02 mg/L 以下	エピクロロヒドリン	0.0004 mg/L 以下
塩化ビニルモノマー	0.002 mg/L 以下	全マンガン	0.2m g/L 以下
エピクロロヒドリン	0.0004 mg/L 以下	ウラン	0.002 mg/L 以下
全マンガン	0.2 mg/L 以下	ペルフルオロオクタンスルホン酸（PFOS）及びペルフルオロオクタン酸（PFOA）	0.00005 mg/L 以下（暫定）※
ウラン	0.002 mg/L 以下		
ペルフルオロオクタンスルホン酸（PFOS）及びペルフルオロオクタン酸（PFOA）	0.00005 mg/L 以下（暫定）※		

※ PFOS 及び PFOA の指針値（暫定）については，PFOS 及び PFOA の合計値とする。

（令和 2 年 5 月 28 日付け環境省水・大気環境局長通知）

表 4-11　底層溶存酸素量の類型および基準値

類型	類型あてはめの目的	基準値
生物 1	・生息段階において貧酸素耐性の低い水生生物が，生息できる場を保全・再生する水域 ・再生産段階において貧酸素耐性の低い水生生物が，再生産できる場を保全・再生する水域	4.0mg/L 以上
生物 2	・生息段間において貧酸素耐性の低い水生生物を除き，水生生物が，生息できる場を保全・再生する水域 ・再生産段階において貧酸素耐性の低い水生生物を除き，水生生物が再生産できる場を保全・再生する水域	3.0mg/L 以上
生物 3	・生息段階において貧酸素耐性の高い水生生物が，生息できる場を保全・再生する水域 ・再生産段階において貧酸素耐性の高い水生生物が，水生生物が再生産できる場を保全・再生する水域 ・無生物域を解消する水域	2.0mg/L 以上

　なお，底層溶存酸素量は，既存の環境基準項目である COD，全窒素，全リン等と一定の関連性が見られるものの，目標設定の目的や設定方法が異なることから，既存の環境基準の類型指定を参考にしつつも，基本的にはこれらとは別に類型指定を検討することが適当と考えられる。

している場合に環境基準達成地点となる。

　生活環境項目（BOD または COD）の環境基準の達成状況の評価は，年間の日間平均値の全データのうち 75 ％以上のデータが基準値を満足している場合に環境基準達成地点と判断される。複数の環境基準点がある水域では，全ての環境基準点において基準が達成されている場合に達成水域とされる。

　公共用水域や地下水においては，「要監視項目」というカテゴリーが設定されている。要監視項目は，健康項目に加えて人の健康の保護に関連する物質ではあるが，現時点ではただちに環境基準項目とはせず，引き続き知見の集積に努めると判断された物質である。要監視項目については，水質測定結果を評価する上での指針値が設定されている。要監視項目には 27 項目あり，このうち 25 項目に対して指針値が示されている（表 4−10）。2016 年 3 月 30 日に，水域の底層を生息域とする魚介類等の水生生物や，その餌生物が生存できることはもとより，それらの再生産が適切に行われることにより，底層を利用する水生生物の個体群が維持できる場を保全・再生することを目的に，底層溶存酸素量が新たに生活環境項目環境基準に追加され，表 4−11 に「底層溶存酸素量の類型および基準値」を示した。

4-3-7　未規制項目と要調査項目

　以上のように，数十種の項目については，環境保全のための規制対象となっている。しかし，特に化学物質などについては，大部分の項目については規制対象外であり，環境中における存在の有無や濃度レベルについて調査されていないものもきわめて多い。こうした未規制の項目のうち，環境中に存在する有害な項目に対しては，規制対象とすることが必要である。そこで，環境省では未規制の項目についても，順次，環境調査を行ってきた。また，未規制物質のうち，人の健康や生態系に及ぼす影響について優先的に知見の集積を図るべき物質として 1998 年に 300 項目をリストした。これが要調査項目である。

　要調査項目には，ⅰ）国内で一定の検出率を超えて水環境中から検出されている物質，ⅱ）諸外国や国際機関などが人への健康被害や水生生物への影響を指摘したり規制している物質のうち，国内で水環境中から検出された物質，または一定量以上製造・輸入・使用されている物質，および，ⅲ）国内で精密な調査・分析が行われていないが水環境を経由して人あるいは水生生物に影響を与える可能性のある物質がリストされている。

　要調査項目については，順次，分析法のマニュアル作成と環境調査が行われており，これらの一部については規制対象となった。今後さらに多くの項目が規制対象になると考えられる。こうした未規制項目の調査には，多大の労力・時間・費用がかかるので，さらに，より多くの項目を効率的に調査・規制するために，効率的な分析方法の開発や科学的知見の集積などが必要とされている。

4-3-8　農薬の規制

　農薬とは，広義には農作物などを病害虫などから守るために使用される薬剤や害虫の

天敵などをいう。狭義には殺虫剤，殺菌剤，除草剤などとして使用される薬剤をさす。現在500種を越える有効成分が登録されており，このうち，200種以上が有機化合物である。農薬は農地などに散布されると，水とともに水田から排水溝を通って河川へと流出する。また，水生生物に濃縮されたり，大気中に揮散したりする（図4-1）。水環境中の農薬については，健康項目としてシマジンなど4農薬に環境基準が示されている。また，要監視項目としてイソキサチオンなど11農薬に指針値が設定されている。これに加えて，ゴルフ場で使用される農薬や空中散布される農薬などについて指針値が示されている。

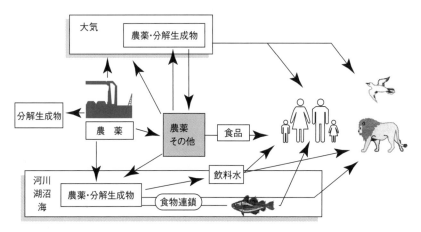

図4-1　環境中における農薬の移動

　ゴルフ場では芝生などの管理のために，様々な農薬が使用されている。こうした農薬による水質汚濁を未然に防止するために，ゴルフ場で使用されている農薬のうち全国的に主要なものを選定して排出水中の暫定指導指針値が示されている。現在，アセフェートなど45項目について暫定指導指針値が定められている（表4-13）。この指針値は人の健康の保護に関する視点を考慮したものであり，地方公共団体が水質保全の面からゴルフ場を指導する際に参考にする値とされている。

　空中散布で使用される農薬など，短期間に広範囲で使用される農薬は，散布後に公共用水域などで検出される可能性が高い。しかし，基準値などが定められているものは，フェニトロチオンやフェノブカルブなど一部でしかない。そこで，基準値などが定められていない農薬が公共用水域などで検出された場合に，水質の安全性を評価するための目安として，イプロジオンなど27農薬に対して公共用水域などにおける農薬の水質評価指針が設定されている（表4-14）。

4-3-9　水質汚濁防止法と工場排水基準

　公共用水域の水質保全のために，有害物質を含む工場の排水を規制する必要がある。水質汚濁防止法では，公共用水域へ汚水を排出する施設（特定施設）を設置する工場などの排水に対して排水基準（表4-15）を定めている。排水基準には有害物質と生活環境項目に対するものとがある（表4-16，表4-17）。規制対象となる工場などは全国で約

表 4-12　要監視項目および指針値（水生生物の保全に係る項目）

物質名	水　域	類　型	指針値（mg/L）
クロロホルム	淡水域	生物A	0.7
		生物特A	0.006
		生物B	3
		生物特B	3
	海域	生物A	0.8
		生物特A	0.8
フェノール	淡水域	生物A	0.05
		生物特A	0.01
		生物B	0.08
		生物特B	0.01
	海域	生物A	2
		生物特A	0.2
ホルムアルデヒド	淡水域	生物A	1
		生物特A	1
		生物B	1
		生物特B	1
	海域	生物A	0.3
		生物特A	0.03
4-t-オクチルフェノール	淡水域	生物A	0.001
		生物特A	0.0007
		生物B	0.004
		生物特B	0.003
	海域	生物A	0.0009
		生物特A	0.0004
アニリン	淡水域	生物A	0.02
		生物特A	0.02
		生物B	0.02
		生物特B	0.02
	海域	生物A	0.1
		生物特A	0.1
2,4-ジクロロフェノール	淡水域	生物A	0.03
		生物特A	0.003
		生物B	0.03
		生物特B	0.02
	海域	生物A	0.02
		生物特A	0.01

（左端に「要監視項目」の縦書きラベル）

＊ 4-t-オクチルフェノール，アニリン，2,4-ジクロロフェノールは 2013 年 3 月に追加された。

類型	項目	水生生物の生息状況の適応性
河川および湖沼	生物A	イワナ，サケマス等比較的低温域を好む水生生物およびこれらの餌生物が生息する水域
	生物特A	生物Aの水域のうち，生物Aの欄に揚げる水生生物の産卵場（繁殖場）または幼稚仔の成育場として特に保全が必要な水域
	生物B	コイ，フナなど比較的高温域を好む水生生物およびこれらの餌生物が生息する水域
	生物特B	生物Bの水域のうち，生物Bの欄に揚げる水生生物の産卵場（繁殖場）または幼稚仔の成育場として特に保全が必要な水域
海域	生物A	水生生物の生息する水域
	生物特A	生物Aの水域のうち，水生生物の産卵場（繁殖場）または幼稚仔の成育場として特に保全が必要な水域

表 4-13　ゴルフ場で使用される農薬による水質汚濁の防止及び
水産動植物被害の防止に係る指導指針値（mg/L）

農薬名	指針値（mg/L）	農薬名	指針値（mg/L）
〈殺虫剤〉		テトラコナゾール	0.1
イソキサチオン	0.08	トルクロホスメチル	2
クロルピリホス	0.02	バリダマイシン	12
ダイアジノン	0.05	ヒドロキシイソキサゾール(ヒメキサゾール)	1
チオジカルブ	0.8	ベノミル	0.2
トリクロルホン（DEP）	0.05	ホセチル	23
フェニトロチオン（MEP）	0.03		
ペルメトリン	1	〈除草剤〉	
ベンスルタップ	0.9	シクロスルファムロン	0.8
〈殺菌剤〉		シマジン（CAT）	0.03
イプロジオン	3	トリクロピル	0.06
イミノクタジンアルベシル酸塩	0.06	ナプロパミド	0.3
およびイミノクタジン酢酸塩（イミノクタジンとして）		フラザスルフロン	0.3
キャプタン	3	MCPA イソプロピルアミン塩	0.051
クロロタロニル（TPN）	0.4	および MCPA ナトリウム塩（MCPA として）	
シプロコナゾール	0.3		
チウラム（チラム）	0.2	〈植物成長調整剤〉	
チオファネートメチル	3	トリネキサパックエチル	0.15

（2017 年 3 月 9 日環水大土発第 1703091 号）

注 1：表に記載の指針値は以下の式から算出している。
　指針値＝｛ADI（mg/kg 体重/日）× 53.3（kg）× 0.1（ADI の 10 %配分）/2（L/人/日）｝× 10

注 2：表に記載のない農薬であっても水濁基準値が設定されているものについては，その値の 10 倍値を指針値とする。

表 3：表に揚げた農薬の指針値についても，今後新たに水濁基準値が設定された場合にはその値の 10 倍値を指針値とする。

水俣病

魚介類に蓄積されたメチル水銀化合物などの有機水銀を長期間にわたり経口摂取することによって起こる中毒性の神経系疾患。

化学工場の排水に含まれていた有機水銀が海や川に流れ出し，魚などに蓄積したと考えられる。

1956 年に熊本県の水俣湾周辺で報告された（水俣病）。原因は，新日本窒素水俣工場のアセトアルデヒド酢酸設備内で生成されたメチル水銀化合物が工場廃水に含まれて排出され，水俣湾内の魚介類を汚染したものと認められた。

1965 年に新潟県の阿賀野川流域でも発生が確認された（第二水俣病，新潟水俣病）。原因は，昭和電工鹿瀬工場でアセトアルデヒド製造工程中に生ずる水銀を含む廃液を含む工場排水を阿賀野川に放出したためとされている。

表 4-14 公共用水域等における農薬の水質評価指針

項目	種類	評価指針値 （mg/L以下）	項目	種類	評価指針値 （mg/L以下）
イプロジオン	殺菌剤	0.3	ブタミホス	除草剤	0.004
イミダクロプリド	殺虫剤	0.2	ブプロフェジン	殺虫剤	0.01
エトフェンプロックス	殺虫剤	0.08	プレチラクロール	除草剤	0.04
エスプロカルブ	除草剤	0.01	プロベナゾール	殺菌剤	0.05
エディフェンホス(EDDP)	殺菌剤	0.006	プロモブチド	除草剤	0.04
カルバリル（NAC）	殺虫剤	0.05	フルトラニル	殺菌剤	0.2
クロルピリホス	殺虫剤	0.03	ペンシクロン	殺菌剤	0.04
ジクロフェンチオン(ECP)	殺虫剤	0.006	ベンスリド（SAP）	除草剤	0.1
シメトリン	除草剤	0.06	ペンディメタリン	除草剤	0.1
トルクロホスメチル	殺菌剤	0.2	マラチオン（マラソン）	殺虫剤	0.01
トリクロルホン	殺虫剤	0.03	メフェナセット	除草剤	0.009
トリシクラゾール	殺菌剤	0.1	メプロニル	殺菌剤	0.1
ピリダフェンチオン	殺虫剤	0.002	モリネート	除草剤	0.005
フサライド	殺菌剤	0.1			

（平成 6 年 4 月 15 日環水土 86 号）

表 4-15 水質汚濁防止法と排水基準

有害物質	人の健康に係る被害を生ずるおそれのある物質
生活環境項目	水の汚染状態を示す項目で生活環境に係る被害を生ずるおそれがある程度の項目

30 万である。なお，内湾や内海などの閉鎖性海域に排出する場合については，総量規制もとりいれられている。

　工場は国（環境大臣）または地方自治体（都道府県知事や政令指定都市市長）に特定施設の設置について届出る義務があり，自治体は必要に応じて設置計画の変更命令を出すことができる。また，排水基準に違反するおそれがあるときは施設の構造や排水処理方法などについて改善命令を行うことができる。排水基準が守られているかどうかを監視するために，事業者には自主的な測定を義務付けている。同時に，自治体による公共用水域の常時監視などが実施され，工場への立ち入り検査も行われる。違反した場合は罰則を課すことができる。さらに，水質汚濁による被害者を保護するため，健康被害などが生じた場合は，事業者が賠償責任を負う（無過失賠償責任）制度が設けられている。

　排水基準には，国が一律に定めている排水基準（一律基準）と都道府県が独自に定めることのできる上乗せ基準とがある。上乗せ基準は一律基準よりも厳しい基準で，汚濁発生源が集中しているために一律基準による規制では環境基準を達成することが困難な水域などで定められている。

70

表 4-16　一律排水基準（健康項目）

有 害 物 質 の 種 類	許容限	
カドミウムおよびその化合物	0.03	mgCd/L
シアン化合物	1	mgCN/L
有機燐化合物（パラチオン，メチルパラチオン，メチルジメトン および EPN に限る。）	1	mg/L
鉛およびその化合物	0.1	mgPb/L
六価クロム化合物	0.5	mgCr(VI)/L
砒素およびその化合物	0.1	mgAs/L
水銀およびアルキル水銀その他の水銀化合物	0.005	mgHg/L
アルキル水銀化合物	検出されないこと	
ポリ塩化ビフェニル	0.003	mg/L
トリクロロエチレン	0.1	mg/L
テトラクロロエチレン	0.1	mg/L
ジクロロメタン	0.2	mg/L
四塩化炭素	0.02	mg/L
1,2-ジクロロエタン	0.04	mg/L
1,1-ジクロロエチレン	1	mg/L
シス-1,2-ジクロロエチレン	0.4	mg/L
1,1,1-トリクロロエタン	3	mg/L
1,1,2-トリクロロエタン	0.06	mg/L
1,3-ジクロロプロペン	0.02	mg/L
チウラム	0.06	mg/L
シマジン	0.03	mg/L
チオベンカルブ	0.2	mg/L
ベンゼン	0.1	mg/L
セレンおよびその化合物	0.1	mgSe/L
ほう素およびその化合物	海域以外 10 海域230	mgB/L mgB/L
ふっ素およびその化合物	海域以外 8 海域 15	mgF/L mgF/L
アンモニア，アンモニウム化合物，亜硝酸化合物および硝酸化合物	(*)100	mg/L
ジオキサン	0.5	mg/L

（*）アンモニア性窒素に 0.4 を乗じたもの，亜硝酸性窒素および硝酸性窒素の合計量。

備考 1.「検出されないこと。」とは，第 2 条の規定に基づき環境大臣が定める方法により排出水の汚染
状態を検定した場合において，その結果が当該検定方法の定量限界を下回ることをいう。

2. ヒ素およびその化合物についての排水基準は，水質汚濁防止法施行令及び廃棄物の処理及び清
掃に関する法律施行令の一部を改正する政令（昭和 49 年政令第 363 号）の施行の際現にゆう出
している温泉（温泉法（昭和 23 年法律第 125 号）第 2 条第 1 項に規定するものをいう。以下同
じ。）を利用する旅館業に属する事業場に係る排出水については，当分の間，適用しない。

表4-17　一律排水基準（生活環境項目）

項　　目	許　容　限　度
水素イオン濃度（pH）	海域以外 5.8 ～ 8.6 海域 5.0 ～ 9.0
生物化学的酸素要求量（BOD）	160 mg/L （日間平均 120 mg/L）
化学的酸素要求量（COD）	160 mg/L （日間平均 120 mg/L）
浮遊物質量（SS）	200 mg/L （日間平均 150 mg/L）
ノルマルヘキサン抽出物質含有量 （鉱油類含有量）	5 mg/L
ノルマルヘキサン抽出物質含有量 （動植物油脂類含有量）	30 mg/L
フェノール類含有量	5 mg/L
銅含有量	3 mg/L
亜鉛含有量	2 mg/L
溶解性鉄含有量	10 mg/L
溶解性マンガン含有量	10 mg/L
クロム含有量	2 mg/L
大腸菌群数	日間平均 3,000 個/cm^3
窒素含有量	120 mg/L （日間平均 60 mg/L）
燐含有量	16 mg/L （日間平均 8 mg/L）

備考　1　「日間平均」による許容限度は，1日の排出水の平均的な汚染状態について定めた
ものである。
　　　2　この表に揚げる排水基準は，1日当たりの平均的な排出水の量が50 m^3 以上である
工場または事業場に係る排出水について適用する。
　　　3　水素イオン濃度及び溶解性鉄含有量についての排水基準は，硫黄鉱業（硫黄と共存
する硫化鉄鉱を掘採する鉱業を含む。）に属する工場または事業場に係る排出水に
ついては適用しない。
　　　4　水素イオン濃度，銅含有量，亜鉛含有量，溶解性鉄含有量，溶解性マンガン含有量
及びクロム含有量についての排水基準は，水質汚濁防止法施行令及び廃棄物の処理
及び清掃に関する法律施行令の一部を改正する政令の施行の際現にゆう出している
温泉を利用する旅館業に属する事業場に係る排出水については，当分の間，適用し
ない。
　　　5　生物化学的酸素要求量についての排水基準は，海域および湖沼以外の公共用水域に
排出される排出水に限って適用し，化学的酸素要求量についての排水基準は，海域
および湖沼に排出される排出水に限って適用する。
　　　6　窒素含有量についての排出基準は，窒素が湖沼植物プランクトンの著しい増殖をも
たらすおそれがある湖沼として環境大臣が定める湖沼，海洋植物プランクトンの著
しい増殖をもたらすおそれがある海域（湖沼であって水の塩素イオン含有量が1L
につき 9,000 mg を超えるものを含む。以下同じ。）として環境大臣が定める海域お
よびこれらに流入する公共用水域に排出される排出水に限って適用する。
　　　7　燐含有量についての排出基準は，燐が湖沼植物プランクトンの著しい増殖をもたら
すおそれがある湖沼として環境大臣が定める湖沼，海洋植物プランクトンの著しい
増殖をもたらすおそれがある海域として環境大臣が定める海域およびこれらに流入
する公共用水域に排出される排出水に限って適用する。

4-4 水環境汚染の現状

4-4-1 公共用水域の水質汚染の現状

　全国の公共用水域において，2019年度の人の健康の保護に関する環境基準（健康項目）の達成率は99.1％である。100％に満たないのは，ごく一部の地点においての砒素，鉛またはふっ素などが環境基準を越えているためである。これに対して，生活環境の保全に関する項目については達成率の低いものがあるが，BODまたはCODの環境基準の達成率は全体で89.2％である。しかし，図4-2に示すように，湖沼の達成率は2006年頃度からは50％台を推移しており，2010年度は50.0％であった。湖沼や内湾，内海など閉鎖水域はCODで東京湾（68.4％），伊勢湾（62.5％），大阪湾（66.7％），瀬戸内海（77.0％）と達成率は低い。

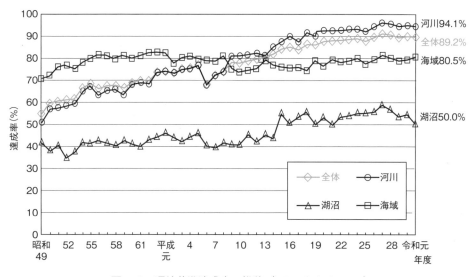

図4-2　環境基準達成率の推移（BODまたはCOD）
（環境省「令和元年度公共用水域水質測定結果」より）

4-4-2 地下水の水質汚染の現状

　地下水には，表4-18に示されるような環境基準と地下水要監視項目（表4-19）が設定されている。

　2018年度の地下水の概況調査の結果では，調査対象井戸（3,206本）の5.5％（181本）において，環境基準を超過する項目が見られ，汚染井戸の監視などを行う継続監視調査の結果では，4,236本のうち1,849本において環境基準を超過している。特に継続監視調査（図4-3参照）では硝酸性窒素および亜硝酸性窒素の基準超過井戸数が年々上昇して約1,849本に達している。その原因は農業分野の施肥，家畜排せつ物，生活排水が原因と見られ，緊急の課題となっている。汚染源が事業所となっているトリクロロエチレン，

表 4–18　地下水の水質汚濁に係る環境基準項目と基準値

項目	基準値	備考
カドミウム	0.03 mg/L 以下	
全シアン	検出されないこと	
鉛	0.01 mg/L 以下	
六価クロム	0.05 mg/L 以下	
砒素	0.01 mg/L 以下	
総水銀	0.0005 mg/L 以下	
アルキル水銀	検出されないこと	
PCB	検出されないこと	
ジクロロメタン	0.02 mg/L 以下	
四塩化炭素	0.002 mg/L 以下	
塩化ビニルモノマー	0.002 mg/L 以下	平成 21 年 11 月追加
1,2-ジクロロエタン	0.004 mg/L 以下	
1,1-ジクロロエチレン	0.1 mg/L 以下	平成 21 年 11 月基準値変更
1,2-ジクロロエチレン	0.04 mg/L 以下	平成 21 年 11 月追加
1,1,1-トリクロロエタン	1 mg/L 以下	
1,1,2-トリクロロエタン	0.006 mg/L 以下	
トリクロロエチレン	0.01 mg/L 以下	
テトラクロロエチレン	0.01 mg/L 以下	
1,3-ジクロロプロペン	0.002 mg/L 以下	
チウラム	0.006 mg/L 以下	
シマジン	0.003 mg/L 以下	
チオベンカルプ	0.02 mg/L 以下	
ベンゼン	0.01 mg/L 以下	
セレン	0.01 mg/L 以下	
硝酸性窒素および亜硝酸性窒素	10 mg/L 以下	平成 11 年追加
ふっ素	0.8 mg/L 以下	〃
ほう素	1 mg/L 以下	〃
1,4-ジオキサン	0.05 mg/L 以下	平成 21 年 11 月追加

（備考）

1. 基準値は年間平均値とする。ただし，全シアンに係る基準値については，最高値とする。

2. 「検出されないこと」とは，別に定める方法により測定した場合において，その結果が当該方法の定量限界を下回ることをいう。

3. 硝酸性窒素および亜硝酸性窒素の濃度は，日本工業規格 K0102 の 43.2.1，43.2.3 または 43.2.5 により測定された硝酸イオンの濃度に換算係数 0.2259 を乗じたものと日本工業規格 K0102 の 43.1 により測定された亜硝酸イオンの濃度に換算係数 0.3045 を乗じたものの和とする。

4. 1,2-ジクロロエチレンの濃度は，日本工業規格 K0125 の 5.1，5.2 または 5.3.2 により測定されたシス体の濃度と日本工業規格 K0125 の 5.1，5.2 または 5.3.1 により測定されたトランス体の濃度の和とする。

テトラクロロエチレンなどの揮発性有機物については長期的には減少傾向にある。

　地下水は水の流れが遅く，水脈が複雑なため，いったん汚染した地下水の浄化はきわめて難しい。したがって，汚染を未然に防止することが重要で，環境省は現在，水質汚濁防止法の改正による新たな制度が円滑に施行されるよう，関係する事業者が円滑に対策をとれるよう「地下水汚染の未然防止のための構造と点検・管理に関するマニュアル」

74

表 4–19　地下水要監視項目

項　目	指針値	項　目	指針値
クロロホルム	0.06 mg/L 以下	フェノブカルブ（BPMC）	0.03 mg/L 以下
1,2-ジクロロプロパン	0.06 mg/L 以下	イプロベンホス（IBP）	0.008 mg/L 以下
p-ジクロロベンゼン	0.2 mg/L 以下	クロルニトロフェン（CNP）	—
イソキサチオン	0.008 mg/L 以下	トルエン	0.6 mg/L 以下
ダイアジノン	0.005 mg/L 以下	キシレン	0.4 mg/L 以下
フェニトロチオン（MEP）	0.003 mg/L 以下	フタル酸ジエチルヘキシル	0.06 mg/L 以下
イソプロチオラン	0.04 mg/L 以下	ニッケル	—
オキシン銅（有機銅）	0.04 mg/L 以下	モリブデン	0.07 mg/L 以下
クロロタロニル（TPN）	0.05 mg/L 以下	アンチモン	0.02 mg/L 以下
プロピザミド	0.008 mg/L 以下	エピクロロヒドリン	0.0004mg/L 以下
EPN	0.006 mg/L 以下	全マンガン	0.2 mg/L 以下
ジクロルボス（DDVP）	0.008 mg/L 以下	ウラン	0.002 mg/L 以下
		ペルフルオロオクタンスルホン酸(PFOS)及びペルフルオロオクタン酸（PFOA）	0.00005 mg/L 以下（暫定）※

※ PFOS 及び PFOA の指針値（暫定）については，PFOS 及び PFOA の合計値とする。

表 4–20　物質ごとの地下水汚染の特徴

汚染物質	揮発性有機化合物（VOC）	重金属	硝酸・亜硝酸性窒素
性　質	揮発性，低粘性で水より重く，土壌・地下水中では分解されにくい。土壌中を浸透し，地下水に移行しやすい（ベンゼンは水より軽く，他の VOC と比べると分解されやすい）。	水にわずかに溶解するが，土壌に吸着されやすいため移動しにくい（重金属によっては水に溶けやすく，動きやすいものもある）。	土壌に吸着されにくく，地下水に移行しやすい。土壌中の微生物のはたらきにより，アンモニア性窒素などが酸化されて生じる。
汚染の原因	溶剤使用・処理過程の不適切な取扱い，漏出。廃溶剤等の不適正な埋立処分，不法投棄など。	保管・製造過程の漏出，排水の地下浸透，廃棄物の不適正な埋立処分，自然由来など。	過剰な施肥，家畜排せつ物の不適正な処理，生活排水の地下浸透など。
汚染の特徴	地下浸透しやすく深部まで汚染が広がることがある。液状のままやガスとしても土壌中に存在する。	移動性が小さいため，一般に汚染が局所的で深部まで拡散しない場合が多い。自然由来（土壌からの溶出）によって地下水環境基準を超過することもある。	農地など汚染源そのものに広がりを持つため，汚染が広範囲に及ぶことが多い。
備　考	トリクロロエチレン，テトラクロロエチレンなどは分解してシス-1,2-ジクロロエチレンや，1,1-ジクロロエチレンなどに変化することがある。	六価クロムなどの陰イオンの形態をとるものは，土壌に吸着されにくいため，地下深部まで汚染が及び，また広範囲に汚染が広がることもある。	土壌への窒素負荷を完全になくすことは，困難である。

（環境省資料）

とその指針を示している。

　また地方自治体も独自に地下水汚染防止対策指導要綱の作成（千葉県），秦野市や岐阜市などは地下水保全条例を策定しているところもある。硝酸性窒素と亜硝酸性窒素についても「硝酸性窒素及び亜硝酸性窒素に関わる水質汚染対策マニュアル」が環境省から示されるとともに北海道，青森県，山形県，愛媛県，長崎県，宮崎県，熊本県，鹿児島

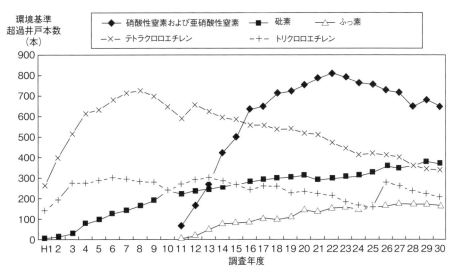

注1：地下水の水質汚濁に係る環境基準は，平成9年に設定されたものであり，それ以前の基準は評価基準とされていた。また，平成5年に，砒素の評価基準は「0.05mg/L以下」から「0.01mg/L以下」に，鉛の評価基準は「0.1mg/L以下」から「0.01 mg/L以下」に改定された。また，平成26年にトリクロロエチレンの環境基準は「0.03mg/L以下」から「0.01 mg/L以下」に改定された。

注2：硝酸性窒素および亜硝酸性窒素，ふっ素は，平成11年に環境基準項目に追加された。

図 4-3　継続監視調査における環境基準超過井戸本数の推移
（環境省，「平成30年度地下水測定結果」より）

県，宮古島市などは削減計画，対策の基本方針，実施要項などを定めている。

■参考文献

1）『環境白書　令和2年版』，環境省（2020）.

2）『日本の水資源の状況　平成28年版』，国土交通省（2016）.

3）日本水環境学会編，『水環境ハンドブック』，朝倉書店（2006）.

4）登坂　博，『地圏の水環境科学』，東京大学出版会（2006）.

5）日本地下水学会編，『新・名水を科学する』，技報堂出版（2009）.

5
大気環境の現状

　大気汚染は，種々の大気汚染物質によって人体影響，動植物への影響など生態系に影響が生ずるものである。

　わが国にとって，大気汚染問題は古くて新しい。第二次世界大戦後の急激な経済発展に伴って，環境破壊が進み公害問題に発展した。法律が整備され，対策が進むに従って環境は回復し，日本の空はきれいになったものの，また新たな有害化学物質の存在が関心をよんでいる。汚染物質が国境を越えてやってくる越境大気汚染問題も深刻な問題である。

5-1　大気汚染を支配する気象要因

　局地的な大気汚染問題にとっては，発生源の分布や大気汚染物質の発生量の多少は大きな要因であるが，気象的な要因も大きな働きをする。例えば，大気汚染物質の発生量が非常に多くても風が非常に強ければ汚染物質は急速に拡散するため高濃度とはなり得ず，大気汚染現象は生じない。風がある程度弱いときのほうが，大気汚染現象が強く発現する。

　また気象条件によって，煙突の高さより下方に大気汚染物質が広がるケース（ダウンウオッシュ）と，上方にのみ広がるケースがあり，大気汚染は発生源である煙突近辺の気象条件に支配されることになる。

（1）　逆転層

　大気は上空に行くほど気温が下がり，その下がる率によって大気の安定，不安定が決まる。大気下層に冷たくて重い空気があり，大気上層に暖かくて軽い空気がある時が安定である。

　上空に行くほど一般的に気温は下がるが，気象条件によっては，上空に行くほど気温が上昇する層ができる。そのような層を逆転層という。この逆転層が生ずると，そこで蓋をしたような形になり，地表付近で発生した大気汚染物質は上空へ拡散できずに，逆転層の下層にたまるので高濃度現象が出やすい。

　このような逆転現象は初冬期の夕方に起こりやすいが，起こると都市や都市近郊においては車の走行により，窒素酸化物濃度が非常に高くなる。この逆転層が盆地にできると，さらに空気が封じ込められて，より高濃度の大気汚染現象が発現することになる。

　また煙突から大気汚染物質が煙となり出たときに，大気が安定な状態では，大気汚染物

質はかなり遠方まで地表面に着地せず層を成して輸送されていくことがある。しかし大気が不安定な状態になると，上下混合が激しくなるので発生した直後の高濃度の大気汚染物質が下降気流に巻き込まれて，地表に達する事がある。こういう場合にも高濃度現象が見られる。

(2)　海風・陸風

数 10 km から 200 km 程度の大気汚染現象を大きく支配するのが，海陸風である。

海陸風は，海水と陸面の熱容量の差によって，特に日射の強い夏場に強くなるものであり，昼間は陸面が高温になり上昇気流が起きて，海から陸への風が卓越する。大規模な工場が海岸沿いに立地していると，海風が工場の煙突からの大気汚染物質を内陸部へ輸送し，内陸側で高濃度汚染現象が生じることがある。

夜間になると，陸面は急速に冷えて熱容量の大きな海水のある海面が暖かなために，海面上で上昇気流が起こり，陸風が吹く。このケースは，もし工場が夜間に昼間と同様の操業を続けていたとしても，煙突からの大気汚染物質は海上に流れて人間生活に悪影響を及ぼすことはない。

夏場には海風の発達と内陸部の低気圧の発達によって，海風が内陸奥まで侵入し，大気汚染物質を 200 km 以上奥まで送り込むことがある。例えば東京首都圏地域で出た大気汚染物質が，高崎や軽井沢を通り過ぎて，小諸や長野の近くまで輸送されるケースがある。

5-2　大気環境汚染の要因

大気汚染の要因として，まず，自然起源に由来するものと人為起源に由来するものとがある。前者には火山からの噴煙，黄砂などがある。また，人為起源は，固定発生源と移動発生源とに分けられる。

固定発生源とは工場などを指す。工場により異なるが，ばい煙や粉じん，硫黄酸化物，窒素酸化物，有害大気汚染物質などが排出される。

移動発生源とは自動車，船舶，航空機などである。自動車などは二酸化炭素や窒素酸

表 5-1　大気環境汚染の要因

起　源	発生源	汚染物質の例
人　為	固定発生源 （工場など）	粉じん，ばい煙(硫黄酸化物，窒素酸化物などの有害物質)，一酸化炭素，二酸化炭素，アンモニア，ダイオキシン類など
	移動発生源 （自動車など）	窒素酸化物，一酸化炭素，二酸化炭素，炭化水素，粒子状物質，黒煙など
自　然	火　山	硫黄化合物（二酸化硫黄，硫化水素など），二酸化炭素，火山灰（粒子状物質を含む）など
	黄　砂	粒子状物質など

化物などを排出するほか，発がん性物質であるベンゼンなどの炭化水素も排出する。また，ディーゼルエンジンからは粒子状物質や黒煙なども排出される。

5-3　環境基準のある大気汚染物質

　重篤な公害問題を経て，大気環境の改善が図られている。

　1967年の公害対策基本法を引き継ぐ形で1993年に制定された環境基本法（p.54参照）に基づき，環境基準は，「人の健康を保護し，生活環境を保全する上で維持されることが望ましい基準」として設けられた。対象物質，環境上の条件，測定方法が定められており，浮遊粒子状物質に係る環境基準が1972年環境庁告示第1号をもって公布されて以来，必要に応じて改定されている。

表5-2　大気汚染に係る環境基準

大気汚染に係る環境基準	二酸化硫黄（SO_2）	1時間値の1日平均値が0.04ppm以下であり，かつ，1時間値が0.1ppm以下	浮遊粒子状物質とは大気中に浮遊する粒子状物質であってその粒径が10μm以下のものをいう。光化学オキシダントとは，オゾン，パーオキシアセチルナイトレートその他の光化学反応により生成される酸化性物質（中性ヨウ化カリウム溶液からヨウ素を遊離するものに限り，二酸化窒素を除く）をいう。
	一酸化炭素（CO）	1時間値の1日平均値が10ppm以下であり，かつ，1時間値の8時間平均値が20ppm以下	
	浮遊粒子状物質（SPM）	1時間値の1日平均値が0.10 mg/m^{3}以下であり，かつ，1時間値が0.20mg/m^{3}以下	
	二酸化窒素（NO_2）	1時間値の1日平均値が0.04ppmから0.06ppmまでのゾーン内またはそれ以下（1時間値の1日平均値が0.04ppmから0.06ppmまでのゾーン内にある地域では原則として現状程度の水準を維持するかこれを大きく上回らないよう努めること）	
	光化学オキシダント（O_X）	1時間値が0.06ppm以下	
有害大気汚染物質（ベンゼン等)に係る環境基準	ベンゼン	1年平均値が0.003 mg/m^{3}以下	
	トリクロロエチレン	1年平均値が0.13 mg/m^{3}以下	
	テトラクロロエチレン	1年平均値が0.2 mg/m^{3}以下	
	ジクロロメタン	1年平均値が0.15 mg/m^{3}以下	
ダイオキシン類に係る環境基準	ダイオキシン	1年平均値が0.6 pg-TEQ/m^{3}以下	TEQの説明はp.136参照
微小粒子状物質に係る環境基準	微小粒子状物質	1年平均値が15μg/m^{3}以下であり，かつ1日平均値が35μg/m^{3}以下	微小粒子状物質とは，大気中に浮遊する粒子状物質であって，粒径が2.5μmの粒子を50％の割合で分離できる分粒装置を用いて，より粒径の大きい粒子を除去した後に採取される粒子をいう。

環境省の大気汚染物質広域監視システム「そらまめ君」による濃度データは，ほぼリアルタイムで市民に公開されているほか，これらの大気汚染物質は，国や地方自治体により，多数の地点で濃度モニタリングが行われている。

（1） 二酸化硫黄（SO₂）

二酸化硫黄は硫黄酸化物（SOx：ソックス）とよばれることがある。SOx は SO₂ と SO₃ の合計であるが，SO₃ は煙道や煙突の排出直後には存在するものの，大気環境中では直ちに水分と反応して硫酸になるため，SOx ＝ SO₂ となる。

SO₂ には自然起源発生のものと石炭，石油など化石燃料の燃焼により発生するものがある。自然起源として火山活動による放出があるが，これは地域が限られ，大量に放出される期間も限られる。日本国内では，鹿児島県の桜島の放出量が定常的に大きい。2000年に大きな火山噴火を起こした三宅島からの二酸化硫黄の放出量は，当初非常に大きかったが徐々に沈静化した。また，自然起源のものに海洋の生物活動による放出があり，ジメチルサルファイド（DMS（CH₃)₂S）が放出されて大気中で酸化され，二酸化硫黄，さらには硫酸へ変化している。

石炭，石油などの化石燃料は海の中や沿岸域で生成されることも多く，海洋中に溶け込んでいる硫黄分を同時に取り込むと，化石燃料中の硫黄分濃度は高くなる。そのような化石燃料を使用すると，SOx が大気中に放出される。大気中に出てくる量は，化石燃料中の硫黄分濃度と燃焼の事前，事後の対策の取られようによって大きく異なる。先進国においては石炭，石油等とも事前に脱硫し，燃焼後は工場，発電所などで排ガスの脱硫が行われるので，SOx は大幅に除去される。

広範に用いられている脱硫装置は，排ガスにスラリー状の石灰石を接触させて二酸化硫黄を亜硫酸カルシウムに変え，最終的には硫酸カルシウム（石膏）へ変えて，商品として回収するものである。得られる石膏は純度が高いために商品価値が高く，脱硫装置のランニングコストを軽減化している。

現在では図 5-1 に示すように，大気中濃度は大幅に下がってきている。一般的には

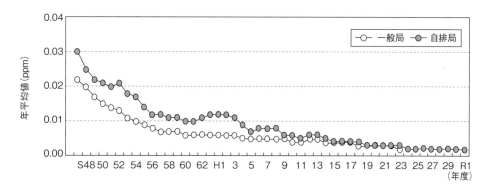

図 5-1　二酸化硫黄濃度年平均値の経年変化
「令和元年度大気汚染状況について（環境省資料）

SOx 汚染は解決したと言える。

(2) 一酸化炭素（CO）

一酸化炭素はあらゆる燃焼過程において出てくる可能性があり，特に酸素が不足するような状況では，二酸化炭素まで酸化状態が進まず発生する可能性がある。

かつては，大きな交差点などで一酸化炭素濃度がかなり高く観測されたが，近年その濃度は下がっている。自動車に三元触媒脱硝装置が付けられたことによって一酸化炭素は二酸化炭素に酸化され，自動車からの一酸化炭素放出量が少なくなった。

(3) 浮遊粒子状物質

微小粒子状物質とともに「5-5　エアロゾル」の項で解説する。

(4) 二酸化窒素（NO₂）

窒素酸化物には一酸化窒素（NO）と二酸化窒素（NO_2）があり，これらを加え合わせたものを NOx（ノックス）とよぶ。

一酸化二窒素など窒素の酸化したものも NOx であるという意見もあるが，筆者は NO と NO_2 の合計を NOx と考えるのが適当であると考える。

NOx の自然起源によるものは，雷からの生成，あるいは土壌からの生成である。

人為起源のものは，化石燃料中の窒素分が燃焼によって出てくるものもあるが，ほとんどは工場，発電所，自動車などで化石燃料を使って高温燃焼することで，大気中に大量にある窒素と酸素が結合して発生する。

NOx を除去する脱硝方法の主なものとして，工場，発電所などでは排ガスにアンモニアを加え，バナジウム系の触媒槽（高温）を通すことによって，NOx を窒素に還元して大気に出す方法が用いられている。

この方法は脱硫装置の場合と異なり，そのランニングコストを軽減化するような産物が何も得られないので，ランニングコストをそのまま負担する必要がある。またアンモニアが悪臭物質であるため，化学量論的に見た場合アンモニアの比率を 1 より下げなければならず，NOx の除去率を 100 ％とすることができない。そのため微量であるが，NOx が出てくることになる。

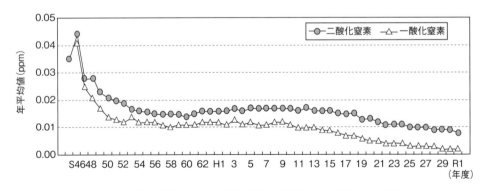

図 5-2　二酸化窒素および一酸化窒素の年平均値の推移（一般局）

(令和元年度大気汚染状況報告書)

　自動車排ガスに関しては，ガソリン使用の乗用車は三元触媒*による脱硝装置により NOx が除かれるが，100 ％除去される方法ではない。また自動車の走行開始時，三元触媒の温度が低い状態においては NOx の除去率が特に低くなるので，NOx が大気中に放出される。開発途上国においては，ガソリン使用の乗用車に三元触媒の脱硝装置が付いていない可能性がある。

　図 5-2 に示したように大気中濃度は下がってきているが，大都市地域とその近傍で濃度が高く，光化学オキシダント生成の一因となっている。

（5）　光化学オキシダント（Ox）

　光化学オキシダント（O_X）はオゾン（O_3）と，その他の光化学反応により生成される酸化性物質を示すが，もっとも大きな部分を占めるのはオゾンである。

　大気中に存在する NO_2 が，昼間や夏の日差しの強い時太陽光の紫外線により分解して，NO と O を生成する。この O が O_2 と結びついてオゾンが生成される。オゾンは酸素の同素体で有毒なガスであり，不安定，かつ化学反応性が高いために大気中で蓄積され続けるというガスではない。

　オゾンは大気中の NO とただちに反応して $NO_2 + O_2$ になる。しかし大気中に揮発性有機化合物（VOC）が存在すると，オゾンがこの VOC と反応して OH ラジカルや HO_2 ラ

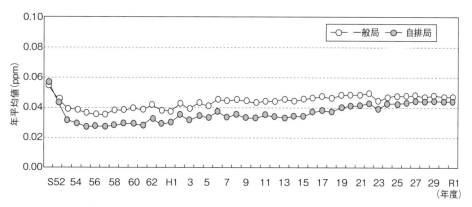

図 5-3　光化学オキシダント昼間の最高 1 時間値の年平均値の推移
（環境省，「令和元年度光化学大気汚染の概要」）

揮発性有機化合物（VOC）

　VOC（Volatile Organic Compounds）とは，揮発性を有し，大気中で気体状となる有機化合物の総称であり，トルエン，キシレン，酢酸エチルなど多種多様な物質が含まれる。これらは，そのものの毒性とオゾン生成への寄与の 2 つの観点から問題視されている

　オゾン生成への寄与が大きい物質に関しては，各分子で反応性が異なり，個々の物質濃度の減少が光化学スモッグの生成緩和に比例しない。全体をどのように判断していくか，非常に難しい。

---

*　白金，パラジウム，ロジウムの 3 つの触媒を用いて炭化水素と一酸化炭素を酸化し二酸化炭素と水にすると同時に二酸化窒素を窒素ガス（N_2）に還元するが，このような触媒を「三元触媒」という。

82

ジカルを生成し，複雑な反応過程を経た結果オゾンが大量に生成し，光化学スモッグとよばれるオゾンの高濃度現象が起こる。夜間になれば紫外線がないので生成が抑えられ，オゾンは他の化学種と反応して減少していく。

国内において，春から夏を中心に光化学オキシダント濃度が高くなると，光化学スモッグ注意報が発令される。日本国内のモニタリング地点のオゾン濃度の解析によると，図5-3に示したようにオゾン濃度は経年的に上昇傾向にあるが，解析は未だ途中段階である。

近年，特に植物から放出されるテルペン，イソプレンなどの炭化水素が，オゾンの生成に大きく係わっている可能性に注目が集まっている。これら天然起源の炭化水素の放出量の増減と，さらなる反応機構の解明が期待される。

（6） 有害大気汚染物質，ダイオキシン類

大気中から，低濃度ではあるが発がん性などの有害性を持つ物質が種々検出されており，これらの中には健康への影響が懸念される物質がある。

有害大気汚染物質の規制は，すでに米国などいくつかの先進国において行われており，国際的に共通の課題となってきた。またわが国では，すでに水質汚濁や土壌汚染の分野においては，発がん性物質などの有害物質について対策が進められている。これらのことから，わが国においても有害大気汚染物質の排出を抑制し，国民の健康に影響を及ぼ

表5-3　環境中有害大気汚染物質による健康リスクの低減を図るための指針値

物質		指針値
・アクリロニトリル	年平均値	2 $\mu g/m^3$ 以下
・アセトアルデヒド	年平均値	120 $\mu g/m^3$ 以下
・塩化ビニルモノマー	年平均値	10 $\mu g/m^3$ 以下
・塩化メチル	年平均値	94 $\mu g/m^3$ 以下
・水銀およびその化合物	年平均値	0.04 $\mu gHg/m^3$ 以下 水銀（蒸気）
・ニッケル化合物	年平均値	0.025 $\mu gNi/m^3$ 以下
・クロロホルム	年平均値	18 $\mu g/m^3$ 以下
・1,2-ジクロロエタン	年平均値	1.6 $\mu g/m^3$ 以下
・1,3-ブタジエン	年平均値	2.5 $\mu g/m^3$ 以下
砒素および無機砒素化合物	年平均値	6 $ngAs/m^3$ 以下
マンガンおよび無機マンガン化合物		0.14 $\mu gMn/m^3$ 以下

表5-4　有害大気汚染物質の優先取組物質（23物質）

環境基準値設定物質（表5-2参照）
ベンゼン，テトラクロロエチレン，トリクロロエチレン，ジクロロメタン，ダイオキシン類（ダイオキシン類対策特別措置法に基づき対応）

指針値設定物質（表5-3参照）
アクリロニトリル，塩化ビニルモノマー，水銀およびその化合物，ニッケル化合物，クロロホルム，1,2-ジクロロエタン，1,3-ブタジエン，砒素およびその化合物，マンガンおよびその化合物，アセトアルデヒド，塩化メチル

基準値未設定物質
クロムおよび三価クロム化合物，六価クロム化合物，酸化エチレン，トルエン，ベリリウムおよびその化合物，ベンゾ [a] ピレン，ホルムアルデヒド

す危険性の低減化に取り組む必要がある。

　有害大気汚染物資は，種類が多く，性状が多様であること，低濃度ではあっても長期間にわたる曝露によって発がん性などの健康影響が懸念されること，発生源や排出の形態が多様であることなど，従来の大気汚染防止法の規制対象物質とは異なる。このような状況の下，特に危険性の高い物質については環境基準（4物質）が，その次に危険性の高い物質については指針値（11物質）が定められている（表5-3）。また，表5-4に示したように，その他の物質も含めて総数23の優先取り組み物質が決められている。

　これらの有害大気汚染物質に関しては，地方自治体で調査が行われ，測定値が公表（環境省，「平成21年度　大気汚染状況について（有害大気汚染物質モニタリング）調査結果」平成23年3月14日報道発表）されている。4物質について最低388地点の調査によると，ベンゼンが1地点で環境基準を超えているのみである。8物質では最低280地点の調査によると，1,2-ジクロロエタンが3地点，ニッケル化合物が1地点，砒素およびその化合物が4地点で環境指針値を超えている。

　ダイオキシン類については別項で記載し，次に，重要度の高い水銀について記載する。

5-4　水　　　　銀

　国連環境計画（UNEP）では，水銀，カドミウム，鉛などの有害金属類について，大気経由での汚染の拡散などに対する国際的対応を行う必要性について検討を開始した。ここでは水俣病という大きな公害問題を起こした水銀に限って記載する。

　水銀はもともと地殻に含まれ，生物圏全体に極めて低レベルで存在する。一方，水銀は何千年も昔に発見された金属で，常温で唯一液体であるために使いやすく，その優れた特性や害虫，病原体などに対する有害性で広く使われてきた。

　水銀の排出は，火山活動や岩石の風化などによる自然由来もあるが，現在大気，水，土壌中に存在する水銀の大部分は人為的活動によるものである。石炭火力発電，セメント製造，また蛍光灯，温度計など水銀含有製品の製造や廃棄，一部の地域におけるアマルガム法による小規模手掘り鉱山での金銀採掘などによって，水銀は排出される。人為的活動によって，大気中の総水銀濃度は約3倍程度高まっていると示唆される。

　水銀はガス状元素水銀，無機水銀化合物，有機水銀化合物（特にメチル水銀）の形態があるが，人為的に大気中に放出される水銀の大部分は，元素水銀である。元素水銀が大気中に留まる時間は数か月から約1年なので，気団に乗って地球半球を移動する。

　メチル水銀は微生物によって他の形態から生じて，多くの淡水魚，海水魚，海洋ほ乳類に生物濃縮される。人体に取り込まれたメチル水銀は，糞尿により体外に排泄されて約2か月で半減するが，神経毒性があり特に発育中の脳に有害である。

　熊本県の水俣湾で発生したメチル水銀汚染は甚大な公害問題を起こし，いまだに訴訟が続いて完全に解決した問題にはなっていない。現在わが国において，水銀は環境破壊

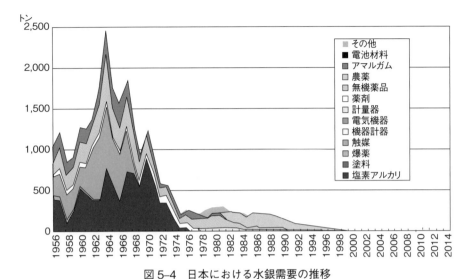

図 5-4　日本における水銀需要の推移

注：蛍光ランプは 1956 年〜 1978 年（昭和 31 年〜 53 年）は機器計器，1979 年（昭和 54 年）以降は電気機器に該当
（https://www.env.go.jp/chemi/tmms/keiken.html）

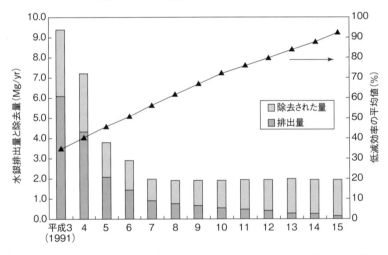

図 5-5　一般廃棄物焼却施設での水銀排出量,水銀除去量・水銀低減効率（全国平均値）の経年変化
（http://www.env.go.jp/chemi/tmms/pr-m/mat01/06.pdf）

物質として大幅な削減が図られ，図 5-4 に示すようにかつての使用量から大幅に減少した。廃棄物からの回収もなされてリサイクル利用されている。また 1999 年に制定されダイオキシン類対策特別措置法に基づく規制により，一般廃棄物焼却炉で排ガスの処理方法が変わったことも功を奏している。活性炭吹き込みの処理過程が入ったため，活性炭は水銀除去機能が高いことから，排ガス中の水銀低減効率も高まった（図 5-5）。

　水銀は形態がいろいろ異なるためにモニタリングの作業は大変であるが，先進国は水銀のモニタリングを進めている。米国の場合は全水銀の濃度と沈着量に関して，1998 年から 2009 年のデータが公開されている（NADP/NTN ホームページ）。日本でも水銀およびその化合物としてモニタリングが行われている（国立環境研究所ホームページ，環境

GIS，有害大気汚染物質調査，水銀およびその化合物）。2000 年から 2009 年では，2000 年に数地点において 10 ng/m³ 以上が見出されるが，2001 年以降ほとんどの地点で 4 ng/m³ 以下である。

　国連環境計画（UNEP）では，2001 年から地球規模での水銀汚染に関連する活動（UNEP 水銀プログラム）を開始し，「人力・小規模金採掘における水銀管理」，「石炭燃焼における水銀放出管理」，「塩素アルカリ分野における水銀削減」，「製品中の水銀削減」，「水銀廃棄物管理」，「水銀の大気中移動・運命研究」，「水銀の供給と保管」の 7 つの水銀を使用する分野において，技術協力や情報共有などを目的とした UNEP 水銀パートナーシッププログラムを推進している。

　世界規模の水銀汚染対策のために国際条約が「水銀に関する水俣条約外交会議」で 2013 年 10 月に「水銀に関する水俣条約」として全会一致で採択され，92 カ国が条約への署名を行った。日本は国内での対応，担保措置を整え，2016 年 2 月に 23 番目の締約国になった。「水銀に関する水俣条約」は 50 カ国の締結の日の後 90 日目に発効することになっており，2017 年 8 月 16 日に発効した。

5-5　エアロゾル

　大気中には粒子状物質（PM：particulate matter）とよばれる，大きさ（粒径），構成物質，発生源の異なるさまざまな粒子が漂っている。エアロゾルとは，粒子状物質（PM）とその媒体である空気を含めて呼ぶものであるが，実際上はエアロゾル＝ PM と捉えられることが多い。エアロゾルは非常に多種類あり，影響も非常に複雑である。

　公害問題を起こした大気中の粉塵対策として，粒径が 10 μm 以下の粒子である浮遊粒子状物質（SPM：Suspended Particulate Matter）に環境基準が 1972 年に設けられた。浮遊粒子状物質のモニタリングは環境庁により昭和 49 年から開始され，濃度変動については図 5-6 に示したように，当初高い濃度を示していたが，急速に濃度は下がり，昭和

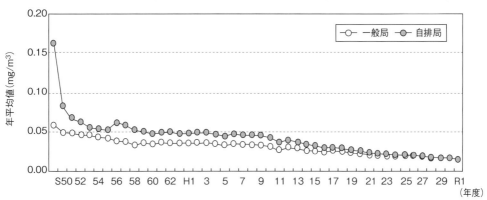

図 5-6　浮遊粒子状物質濃度の年平均値の推移
（環境省　「令和元年度　大気汚染状況について」資料）

58年から平成9年まで，一定傾向であった。その後最近までなだらかに濃度が減少している。

　近年は微粒子側の粒子がその有害性で問題視されるようになり，微小粒子状物質（PM2.5）に対して新たな環境基準が2009年に作られている。微小粒子状物質とは，大気中に浮遊する粒子状物質であって，粒径が2.5 μmの粒子を50 %の割合で分離できる分粒装置を用いて，より粒径の大きい粒子を除去した後に採取される粒子をいう。

(1)　エアロゾルの影響

エアロゾルの大気環境への影響は主に2つの点にある。

　第1に，エアロゾルは粒子であるので，主に太陽光に対して散乱や吸収を行って，気候変動に影響を与える。例えば，水滴のような透明な粒子が多ければ，地表面へ入射するべき太陽光が散乱されて減少するために，アルベドが大きくなり気温が低下し寒冷化をもたらす。燃焼過程から排出される炭素を含むスス粒子など着色した粒子が多ければ，太陽光を効率良く吸収して，少なくともその場所での気温上昇をもたらす。重度の大気汚染は，太陽光の散乱または吸収のどちらを増加させるかで，気温低下や上昇をもたらす。

　第2は，生態系影響である。エアロゾルの中でも2.5 μm以上の粗大粒子は，肺の奥深く入り込まず，人の健康に有害な物質は少ないといわれている。例えば海塩粒子の場合にはNaClが主成分なので，それほど影響が大きいとは思えない。黄砂粒子に関しては，別に黄砂（13章）の項目で述べる。

　一方，微小粒子状物質（PM2.5）は体内に入り込みやすく，人間や動物種が取り込めば，肺がん，アレルギー性ぜん息，鼻炎など健康面で悪影響がある。アスベストもその健康影響で大きな社会問題となった。光化学スモッグ発生時に大量に生成する硫酸ミストはpHが低いので，酸性霧に相当して植物の葉や花への影響が大きい。人体にとっても，硫酸ミストとして肺の奥まで入り込み呼吸器障害を起こすことがある。

　かつてのロンドンスモッグ事件は，燃焼過程による粉塵や硫黄酸化物，あるいはそれの変換物が肺の入り口近く，あるいは奥深く吸い込まれて悪影響を与え，何千人もの死者が出た。水銀，鉛，マンガン，カドミウムなどの重金属粒子であれば，その影響は特

> **アルベド**
>
> 　ある層に光が入射した場合には，反射，散乱，吸収が起こり透過光は減衰する。入射光フラックスに対する反射光フラックスの比をアルベドと言う。北極の雪面はアルベドが大きく，森林地帯はアルベドが小さい。全球平均した場合には地球のアルベドは約0.3である。

> **アスベスト**
>
> 　耐火建築材としてその利便性で，大量に使用された。針状結晶のシリカを含むので，定性，定量は顕微鏡により行われる。肺がんを起こす可能性があるため，危険性が指摘される以前に従事した建築解体現場作業者や防火，耐火のために大量に使用した作業者の肺への大量の吸入が問題視されている。

に大きい。

(2)　エアロゾルの粒径

エアロゾルは粒子であり，粒径は代表的な物理量である。粒径とは粒子の大きさであり，大気中に存在する粒子状物質は二粒径分布，あるいは三粒径分布を示すと言われている。最も一般的である二粒径分布について述べると直径 $10\,\mu$m 前後には，物理的（力学的）過程で生成した粒子群が存在する。これらは自然起源のものが多く，巻き上げられた土壌粒子，海のしぶきから生成する海塩粒子，まれに火山噴出物がある。直径 $0.5 \sim 1\,\mu$m 前後には，燃焼，工業活動，自動車などによる人為起源粒子が直接放出されたり，排気ガスの変換物である硫酸塩，硝酸塩などが凝集した粒子群が存在する。以上で二粒径分布になり，さらに小さな粒子（$0.03\,\mu$m 前後に存在）が存在する場合は三粒径分布になる。これは特殊な場合であり，光化学スモッグなどで大気中にガスから粒子（例えば硫酸ミスト）が大量に生成し，凝集した場合である。

図 5-7 に示したように，日本の大都市部における一般大気環境中のエアロゾルの粒径分布は，成因から見ても二粒径分布と考えるのが適当である。

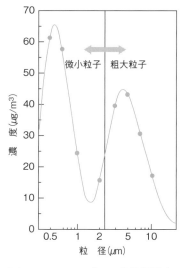

図 5-7　エアロゾルの粒径別濃度

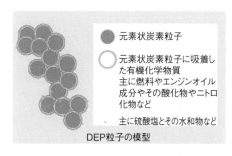

図 5-8　ディーゼル排気粒子（DEP）の模式図

粒径による区分と名称は，各研究者，研究分野，書籍で異なる。大気物理学の分野では，エイトケン粒子（$0.001 \sim 0.1\,\mu$m），大粒子（$0.1 \sim 1.0\,\mu$m），巨大粒子（$1.0\,\mu$m 以上）と分類されている。本書では大気環境中のエアロゾルの区分は，微小粒子（FP：Fine Particle，$2.5\,\mu$m 以下）=PM 2.5，粗大粒子（CP：Coarse Particle，$2.5\,\mu$m 以上）とする。

粒子は球形ばかりとは限らず，非球形のもの，場合によってはディーゼル車から排出されるディーゼル排気粒子（DEP）とよばれる粒子（図 5-8 のように鎖状に細長くなったもの）まである。球形であれば粒子の大きさは定義しやすいが，細長いものの場合の

粒径とは何か。その体積を求めて球形を仮定して，半径や直径を求めるのか。という複雑さが存在する。これは測定の時にも大きな問題となってくる。

また，これらのエアロゾルは，生成した後成長する。光化学生成であれば，当初微小粒子が大量に生成するが，それらの粒子は急速に衝突，併合によって合体し，粒径が大きくなり個数濃度が減ってくる。微小粒子が多数ある場合と，ある程度の大きさのものが少数あるのとでは，全体の表面積や全体積が大きく変わるためその粒子の特性に大きな差異が生じる。粒子表面は不均一なため反応活性に富み，表面積が増えることで反応の機会は増加する。

粒子の粒径によって，移動特性や成長特性は大きく変わる。微小粒子であれば空気の流れに乗って流れていくが，拡散距離が大きいので障害物に衝突して除去される可能性もある。中位の粒径の粒子は，拡散距離は小さく重力沈降速度も小さいので大気中に浮遊する時間が極端に長くなる。粗大粒子であれば，拡散距離は小さいが沈降速度が大きくなってくるので，風の弱い状況下であれば重力落下により徐々に海面や土壌表面，建造物表面などに除去されることになる。

(3)　エアロゾルの化学組成

エアロゾルの化学組成は非常に多種多様である。単一のものだけでなく混合物の場合もあり，その混合の比率によって特性が非常に異なる。また，均一に混合している場合もあれば，核の周りに何かが付着して層状になった場合もある。

液体状のもの，固体状のものがあり，条件（湿度）によって，液体状が固体状に移り，固体状が液体状に移るという相互の変換がある。

エアロゾル粒子を構成している物質は，ありとあらゆる物があると言っても過言ではない。ほぼ純粋な水滴であったり，海塩粒子を含んだ場合は NaCl が存在し，タイヤの摩耗物であれば炭素と硫黄を含む。道路粉塵や黄砂であれば土壌に起因する珪素，アルミニウム，ナトリウム，カルシウムなどを含む。工場排煙であれば金属や無機物質があり，光化学生成物であれば硫黄酸化物や窒素酸化物から生成した酸である硫酸，硝酸，それらを中和して取り込まれたアンモニウム塩，アルカリ金属，アルカリ土類金属などがある。

(4)　PM2.5 による中国大気汚染

2013 年 1 月から 2 月にかけて，北京を含む中国の広範な地域で PM2.5 濃度が環境基準値の 20 倍以上と非常に高くなり，交通障害や人間の呼吸器への障害が大きく報道された。PM2.5 問題は，テレビ，新聞などのマスコミに大々的に取り上げられ，「PM2.5」はその年の流行語大賞に選ばれた。中国の環境汚染の深刻さを浮かび上がらせる大きな社会問題となると同時に，我が国への越境大気汚染という問題になった。（正確には $PM_{2.5}$ と記載されるが，この書籍では PM2.5 と記載する）その後はマスコミ報道はそれほどされていないが，未だに PM2.5 による大気汚染問題は厳しいと想像される。

PM2.5 は，社会的な表現でわかりやすく言うと粒子の粒径が 2.5 μm（1 μm ＝ 1 ×

10^{-6} m または 1×10^{-3} mm すなわち 1 mm の千分の一で，目で見ることはできない)以下の，大気中に漂っている微小粒子状物質である。

環境基準と大気環境監視を考慮すると PM2.5 とは空気動力学的粒径が $2.5\,\mu$m で 50 %がカットされた $2.5\,\mu$m 以下の微小粒子状物質のことと定義された。2009 年に，1 年平均値が $15\,\mu$g/m^3 以下であり，かつ 1 日平均値が $35\,\mu$g/m^3 以下であることという環境基準が制定された。諸外国の環境基準を表5-4に示す。

PM2.5 は，主には化石燃料の燃焼やその他の過程で生成されたガス状物質が，光化学反応により化学変換されて粒子状物質となって，存在している。最も毒性の強いものは，硫酸ミストという，強酸である硫酸が水滴に溶け込んだようなものに代表される。その他に，金属精錬などの諸過程で非常に微小な物質が生成する可能性もある。この場合，その金属に毒性があると粒子状物質は非常に毒性の強いものになる。

冬季に逆転層（p.76 参照）の現象が何日間も続き，その上強い寒波で暖房の使用頻度が増え各家庭が硫黄分の多い石炭を大量に燃やした結果，事件は発生した。自動車の排出物に含まれる粒子状物質やガス状物質も原因である。北京市の自動車台数はうなぎ登りに増え，安上がりを優先して先進国に比べて硫黄分が高い質の悪いガソリンで走る車が多かった。

日本では大気汚染対策が非常に進んでいることもあり，これらの微小粒子状物質が高濃度になることはまれであるが，中国では環境対策が遅れているために今回のような大きな社会問題になった。

中国で生成した微小粒子状物質はもちろん日本へ飛来してくるが，飛来の過程で拡散されて薄まるために，中国で観測されるような高濃度のまま日本に飛来するわけではない。日本に来る時にはある程度濃度が下がっている。日本でも環境基準を超えるような濃度が出てはいるが，頻発しているわけではないので，日本での環境影響，人体影響というのは限定的であると考える。

日本では市民は越境大気汚染を極度に不安視して，環境省の大気汚染物質広域監視システム「そらまめ君」や大気汚染微粒子や黄砂の飛来予測サイト「CFORS」（コラム p.91），「SPRINTARS」にはアクセスが集中した。

表5-4　世界の PM2.5 の環境基準

（単位：μg/m^3）

	年平均値	日平均値
WHO	10	25
アメリカ	12	35
日本	15	35
EU	20	—
中国	35	75

（5）　エアロゾルの研究

　エアロゾルの測定方法は，粒径分布の測定，個数濃度，質量濃度の測定，化学組成の測定などによって多種多様である。ただ，あるポイントに絞って測定したいとしても，理想的な時間分解能で測定する装置があるかどうか，100％満足する測定手法はないと考えたほうが無難である。各測定装置の欠点は簡単に克服されていくとは思えない。各測定装置の特性を充分に理解して，測定の限界を知ってデータを使用する必要がある。

　1）フィルターパック法（ろ紙法）

　多段ろ紙法（フィルターパック法）は，一度の試料採取で大気中エアロゾル（主に無機イオン種（硫酸イオン，硝酸イオン，アンモニウムイオンなど））およびガスを同時に採取・定量できる測定法である。多段ろ紙法では，種類の異なる2枚以上のろ紙を多段のろ紙フォルダーに装着し，ポンプを用い大気をろ紙に通気させ，測定対象の大気中のエアロゾルおよびガスをろ紙に捕集する。ろ紙上に捕集したエアロゾルおよびガスは，抽出液により抽出し，イオンクロマトグラフや分光光度計等により溶液中濃度を定量する。

　2）エアロゾル-マススペクトロメーター（AMS）

　最新鋭の連続観測装置であるエアロゾル-マススペクトロメーターは微粒子を質量分析計の中に取り込み，イオン化させ，存在するイオン種をマススペクトロメーターで検出して，その存在量を決めるものである。微量の分析が可能であり，粒子の化学組成が分かるので非常に強力であるが，粗大粒子は装置内に導入できないので，微少粒子しか化学分析できないという欠点（逆に言えば利点）がある。

　アジア大陸から日本への越境大気汚染に関しては，このAMSでデータが取られており，ほぼリアルタイムで大気汚染物質の日本への飛来が明らかにされつつある。

　3）単一微粒子内部構造分析装置

　最新鋭の単一微粒子内部構造分析装置は，捕集した単一微粒子を分析する装置である。「一粒の微粒子から発生源と浮遊履歴を解明する」といううたい文句で，画像化し2分析対象粒子とした単一微粒子に面積を絞った収束イオンビームを照射し，微粒子から出てくるイオン種をマススペクトロメーターで分析して，どのようなイオン種が存在しているかを決める。ナノスケール加工とイメージング分析が可能な収束イオンビーム二次イオン質量分析で目的成分のみをイオン化・質量分析する。

　AMSは微粒子を完全に分解して，何が入っているかを調べるのに対して，この装置は必要であればレーザー光で微粒子を切断し，切断部分にどのような化学種があるか（イメージング），内部構造までわかる。微粒子を三次元的に分析できる超強力な装置であるが，手作りでありさらに価格が非常に高価である。

化学天気予報システム（CFORS ： Chemical Weather FORcasting System）

　CFORS とは，ネット上に「東アジア域の黄砂・大気汚染物質分布予測」として公開されている，硫酸塩エアロゾル（大気汚染物質），土壌性ダスト（黄砂）の輸送を表している予測システムである。

　気象情報，人工衛星によるデータ，統計調査などにより推定される情報を元にコンピュータ計算により予想分布を前日から 3 日後までのアニメーション画面で表示している。明日，明後日にどの領域にどの程度硫酸塩エアロゾルが飛来するかということを知ることができて非常に便利である。

■参考文献

1）片岡正光，竹内浩士，『酸性雨と大気汚染』，三共出版（1998）．

2）環境庁大気保全局大気規制課編，『浮遊粒子状物質汚染予測マニュアル』，東洋館出版社（1997）．

3）環境省「成分測定用微粒子状物質捕集方法　第 2 版」（2019 年 5 月）．

6
土壌環境と生態系

　生物とそれをとりまく環境との間には絶えずエネルギーが動き（1-3参照），炭素や窒素などが循環している（1-4参照）。土壌環境は大気や水環境と密接な関係をもちながら，生態系に大きな影響を及ぼしている。また，土壌は森林や農作物を育む上でも重要である。したがって土壌環境の保全は，生態系の保護にとどまらず，住環境や食料など人類の生活を守る上でも必要である。本章では，こうした観点から土壌環境問題と保全について述べる。

6-1　土壌環境と環境問題

6-1-1　土壌と生態系
　土は風化作用などによって壊れた岩石の粒（礫，砂，粘土など）が混在したもので，さらに，土に有機質や腐った植物（腐植）などがまじったものを土壌という。土壌は植物が生育する培地となるなど，多様な生物が生活する環境を提供する。
　地表から1m程度の浅い土壌中には，微生物やミミズなどの動物が生息している。これらの生物は動植物の死骸や落葉などの有機物を分解する。すなわち，土壌は地球上の物質循環を推進させるという重要な機能も持っている。また，水質を浄化したり，地下水を涵養する機能などもある。さらに，景観を維持する役割もある。
　このように，土壌環境は，多くの有機・無機成分や生物相から構成され，多種類の生物を育み，多様な化学反応や生化学反応などにより物質循環を行っている。土壌にはこうした自然環境の構成要素としての面がある。

6-1-2　土壌と人類
　土壌には，自然環境の構成要素としての面とともに，農業生産の基盤となるなど，人類にとって生存・繁栄の源という面がある。人類は農業を通じ，安定して食料を獲得してきた。さらに，工業など多くの産業を生み出し，豊かな社会を築いてきた。
　しかし，こうした行為により，水環境とともに，土壌環境も悪化した。特に，土壌が本来持っている物質循環機能が十分に働かなくなり，さらなる土壌環境の悪化をもたらしている。これは，土壌の持つ機能やその限界を人類が十分に理解していなかったためと考えられる。すなわち，人類の生産活動の拡大が人と土壌環境との関係に大きな変化をもたら

し，自然の物質循環や生態系に深刻なダメージを与えたのである。

6-2　土壌環境の問題と要因

　人類が土壌環境にもたらした問題について詳しく見てみよう。第1に，様々な開発による自然の破壊がある。第2に，有害な物質による土壌汚染がある。第3に地下水を過剰にくみ上げたことに起因する地盤沈下の問題がある。

6-2-1　開発の影響

　人類はその活動のなかで，様々な開発を行ってきた。こうした過程で，過度の森林伐採や，森林の農地化，都市化・工業化に伴う土地の改変などで，土壌環境を破壊してきた。農地については，化学肥料を施すことにより土壌の酸性化や固化を招いた。

　こうした開発などは，生態系にも大きな変化をもたらした。野生生物の生息地の縮小や分断化が生じ，生物の個体数が減少したり，種の絶滅が進行した。さらに，本来生息していなかった生物が人類により導入されたことにより，生態系に影響した例もある。

　日本は傾斜地が多くしかも雨量が多いため，土壌の侵食を受けやすい。土壌侵食は水や風の作用によっておこり，その侵食量は気候や地形，植生，土壌の種類などに影響される。かつては，森林や水田の管理を行うことで，表土の流出が防がれていた。ところが，過度の開発など，人為的な影響で土壌浸食の被害が拡大した。

6-2-2　土壌汚染

　人間の様々な活動により，多種の物質が土壌環境中に排出されてきている。土壌は浄化能力を持っているが，こうした人間による土壌環境への負荷が土壌本来の浄化能力を超えることにより土壌の汚染が起こる。また，人類の排出した物質の中には，本来，自然界には存在していなかった物質がある。こうした物質の中には，土壌中ではほとんど分解されない（難分解性）ものもあるため，深刻な土壌汚染を引き起こす可能性がある。土壌環境の汚染は，有害物質が蓄積されることにより，長期間にわたって汚染状態が継続するという特徴がある。

　土壌が有害物質により汚染されると，その汚染された土壌の直接皮膚接触や粉じん吸引による健康被害，あるいは汚染農地で生産された作物の摂取や，汚染された土壌から有害物質が溶け出した地下水を飲用すること等により人の健康に影響を及ぼす恐れが懸念される。近年，企業の工場跡地等の再開発等に伴い，重金属，揮発性有機化合物等による土壌汚染が顕在化してきている。特に最近における汚染事例の判明件数の増加は著しく，ここ数年で新たに判明した土壌汚染の事例数は，高い水準で推移してきている（図6-1参照）。土壌汚染対策法の土壌溶出量基準および土壌含有量基準を超える汚染が判明した事例は877件となっている。事例を有害物質の項目別で見ると，鉛，ふっ素，砒素などの重金属による汚染が多く見られる。

　なお，図6-2には指定基準または土壌環境基準を超過した特定有害物質の状況を示し

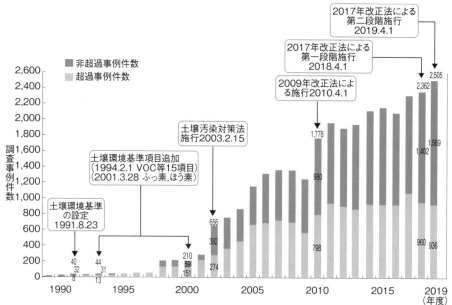

出典：環境省『令和元年度　土壌汚染対策法の施行状況および土壌汚染状況調査・対策事例等に関する調査結果』

図6-1　年度別土壌汚染判明事例件数

た。第一種特定有害物質ではトリクロロエチレンが最も多く，次いでテトラクロロエチレン，ベンゼンが多く，第二種特定有害物質である重金属類では鉛とその化合物が最も多く，次いで砒素とその化合物，ふっ素とその化合物が多くなっている。

　土壌汚染の原因となる物質は，不適切な取扱いや事故による漏出などにより，土壌環境に直接排出される。また，水環境や大気環境に排出された物質が土壌環境中に移動し

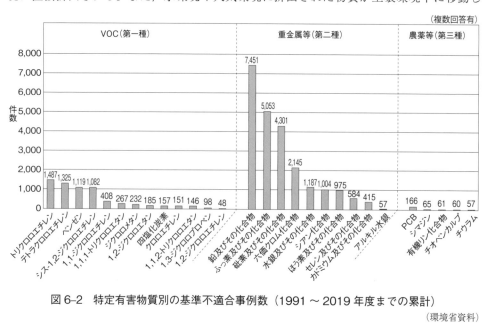

図6-2　特定有害物質別の基準不適合事例数（1991〜2019年度までの累計）

（環境省資料）

て汚染を引き起こす場合もある。さらに，こうした物質が土壌中で化学的・生化学的に分解し，その結果生成した物質（分解生成物）により汚染される場合もある。近年，工場跡地などの再開発などに伴って，それまで見つからなかった土壌汚染が判明する事例が増加している。

　農地では，農薬などが散布されてきた。過去に使われた農薬類の中には，DDT やクロルデン，ディルドリンなどの塩素系農薬のように，難分解性で長期間土壌を汚染するものもある。また，DDT などのように，分解生成物である DDE が長期間汚染する例もある。

　土壌汚染は，地下水汚染を引き起こしたり，汚染土壌で生育された農作物を汚染する。また，河川や湖沼などの公共用水域を汚染し，魚介類に蓄積する。こうして汚染された農作物や魚介類は，これらを摂取することにより，人の健康に影響を及ぼす。さらに，汚染された土壌が大気中に巻き上げられたり，有害物質が揮散したりして，呼吸器や口から吸収される。このように，土壌汚染は，水環境や大気環境，生物の汚染を引き起こすとともに，人の健康にも被害を及ぼす。

6-2-3　地盤沈下

　地下水は貴重な水資源であり，飲料水や農・工業用水など様々な目的で使用されてきている。ところが，地下水を過剰に採取すると地下水位が低下し，粘土層が収縮する。その結果，地盤の沈下が生ずる。特に，地盤が軟弱な地域で地下水を過剰に採取すると，著しい地盤沈下が生じる。地盤沈下が起こると回復することはほとんど不可能である。

　地盤沈下は全国の約 60 の地域で起こっている。1990 年代半ばまでの著しい沈下と比べて減少しており，最大で年間 4 cm 以下である。最近，最も沈下が大きいのは，地下水を消雪用としてくみ上げて利用している地域である。

　東京や大阪などでは，地下水を工業用水などとして多量に揚水したため，1950 年代から 60 年代にかけて，著しい地盤沈下が生じた。しかし，地下水の採取を規制した結果，沈下はほとんど停止している。しかし，消雪用として地下水を利用したり，渇水時の水源として利用したりする地域などでは，依然として地盤沈下が生じている。

　地盤沈下の防止のため，「工業用水法」や「建築物用地下水の採取の規制に関する法律」（「ビル用水法」）に基づいて指定された地域では，地下水の採取が規制されている。また，地方公共団体の条例に基づいて規制されている地域や，行政指導，自主規制などにより採水を制限しているところもある。地下水の採取量を削減した場合，その代わりとなる水が必要となる。そこで，代替水源を確保する事業も進められている。

6-3　土壌環境保全のための規制

6-3-1　土壌環境保全と環境基本法

　環境基本法では土壌環境について，大気環境や水環境などとともに，その自然的構成

要素が良好な状態に保持されることとしている。また，生態系については，その多様性の確保，野生生物の種の保存，その他の生物について多様性の確保が図られるとともに，森林や農地などにおける多様な自然環境が地域の自然的社会的条件に応じて体系的に保全されることと定められている。

6-3-2　土壌の環境基準

　環境基本法に基づいて，人の健康を保護し，生活環境を保全する上で維持されることが望ましい基準として，土壌の環境基準が定められている。この環境基準は，土壌の水質を浄化し地下水を涵養する機能を保全することを目的としている。土壌の環境基準を表6-1に示す。この基準の特徴は，ダイオキシン類を除き，土壌中に含まれる有害物質の量（含有量）に対する規制基準ではなく，土壌に水を加えて振り混ぜたときに水に溶

表6-1　土壌の環境基準

項　　目	環境上の条件	項　　目	環境上の条件
カドミウム	検液1Lにつき0.003mg以下であり，かつ，農用地においては，米1kgにつき0.4mg以下であること。	1,2-ジクロロエチレン	検液1Lにつき0.04mgであること。
全シアン	検液中に検出されないこと。	1,1,1-トリクロロエタン	検液1Lにつき1mg以下であること。
有機リン	検液中に検出されないこと。	1,1,2-トリクロロエタン	検液1Lにつき0.006mg以下であること。
鉛	検液1Lにつき0.01mg以下であること。	トリクロロエチレン	検液1Lにつき0.01mg以下であること。
六価クロム	検液1Lにつき0.05mg以下であること。	テトラクロロエチレン	検液1Lにつき0.01mg以下であること。
砒　素	検液1Lにつき0.01mg以下であり，かつ，農用地（田に限る。）においては，土壌1kgにつき15mg未満であること。	1,3-ジクロロプロペン	検液1Lにつき0.002mg以下であること。
総水銀	検液1Lにつき0.0005mg以下であること。	チウラム	検液1Lにつき0.006mg以下であること。
アルキル水銀	検液中に検出されないこと。	シマジン	検液1Lにつき0.003mg以下であること。
PCB	検液中に検出されないこと。	チオベンカルブ	検液1Lにつき0.02mg以下であること。
銅	農用地（田に限る。）において，土壌1kgにつき125mg未満であること。	ベンゼン	検液1Lにつき0.01mg以下であること。
ジクロロメタン	検液1Lにつき0.02mg以下であること。	セレン	検液1Lにつき0.01mg以下であること。
四塩化炭素	検液1Lにつき0.002mg以下であること。	ふっ素	検液1Lにつき0.8mg以下であること。
1,2-ジクロロエタン	検液1Lにつき0.004mg以下であること。	ほう素	検液1Lにつき1mg以下であること。
1,1-ジクロロエチレン	検液1Lにつき0.1mg以下であること。	1,4-ジオキサン	検液1Lにつき0.05mg以下であること。

け出してくる量に対する規制基準（溶出基準）である点である。なお，農地については，食料を生産する機能を保全することを目的とした基準（農用地基準）がある（**6-2** 参照）。

こうした基準は，人為的な汚染の有無を判断するとともに，汚染の改善対策を講ずる際の目標として用いられている。したがって，自然的原因による汚染には適用されない。その他，原材料の堆積場，廃棄物の埋立地などにも適用されない。

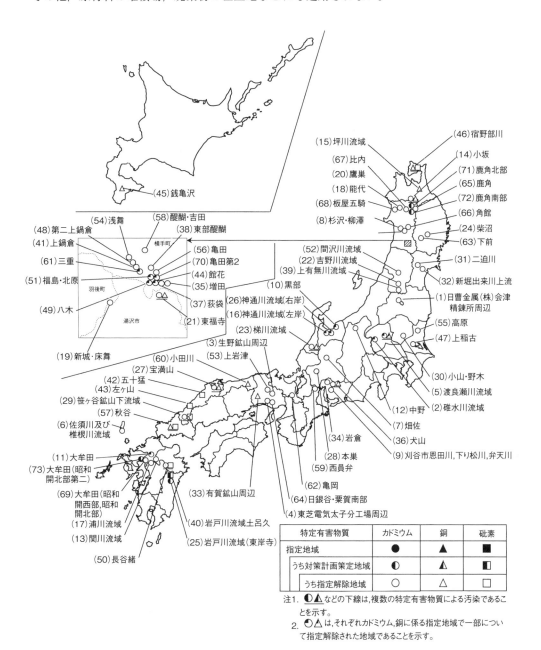

図 6-3　全国農用地土壌汚染対策地域の位置図
（環境省，令和2年度農用地土壌汚染防止法の施行状況（2021年12月））

6-3-3　農地の土壌汚染と対策

　農地（または農用地）の土壌が，有害物質で汚染されると，農作物などの生育が阻害されたり，農畜産物が汚染されて人の健康を損なったりする。過去にも，カドミウムで汚染された土壌で生産された米などによるイタイイタイ病の発症や，足尾銅山から排出された銅による作物の生育被害などがあった。

　こうしたことから，「農用地の土壌の汚染防止等に関する法律」が制定された。この法律では，土壌が汚染された地域や汚染される恐れのある地域を，都道府県知事が農用地土壌汚染対策地域として指定し，対策計画を策定するよう定めている。これまで，カドミウム，銅および砒素が特定有害物質に定められている。

　この法律に基づく特定有害物質による土壌汚染が調査されている。カドミウム，銅，砒素は，2020年までの累積で全国の約134地域の7,592ha程度の農地から，基準値以上で検出されている。このうち，約87％の面積については農用地土壌汚染対策地域に指定されている（図6-3参照）。また，全体の約94％程度の農地で対策事業などが完了している。

　農用地の基準を表6-2に示す。農地のうち，そこで生産された米に含まれるカドミウムの量が0.4mg/kg以上の地域やその恐れのある地域は対策地域に指定される。また，土壌中の銅濃度が125mg/kg以上であるか，砒素の濃度が15mg/kg以上の田についても対策地域に指定される。なお，砒素については地域の実情に合わせて10～20mg/kgの範囲で都道府県知事が基準値を決めることができる。対策地域では，農用地の排土や客土，水源の転換や転用などにより汚染の解消が図られている。

表6-2　農用地における特定有害物質の基準

項目	基　　準
カドミウム	米1kgにつき0.4mg未満であること
砒　素	農用地(田に限る)においては，土壌1kgにつき15mg未満であること
銅	農用地(田に限る)においては，土壌1kgにつき125mg未満であること

イタイイタイ病

　カドミウムの慢性中毒が原因で，腎臓障害，骨軟化症がおき，これに妊娠，授乳，内分泌の変調，老化，カルシウム不足などが誘因となっておきる全身の痛みが激しい疾患。
　大正時代頃から富山県の神通川中・下流の住民に多発していたが，1955年に日本臨床外科医会で報告されてから研究が進展し，1968年に厚生省（現在の厚生労働省）が「イタイイタイ病は，カドミウム汚染に起因する公害病」との見解を発表した。
　原因は，三井鉱業神岡鉱業所から排出された廃水などに含まれるカドミウムが神通川水系を汚染し，さらに周辺の水田土壌や地下水を汚染したため，食物や水を介してカドミウムが住民に摂取・吸収された。

6-3-4　土壌汚染対策法

　土壌汚染の状況を把握し，土壌汚染対策を実施することにより，人の健康被害を防止

し健康を保護するために，土壌汚染対策法が制定された。この法律は，特定有害物質による土壌汚染状況の調査，特定有害物質により土壌が汚染されている土地の区域の指定，汚染区域内における汚染除去などの命令，および土地の形質の変更についての届出などについて定めたものである。

土壌汚染対策法と一部改正の概要

　土壌汚染防止法では，まず，土壌汚染の状況を把握するため，工場跡地など，汚染の可能性のある土地について，土地の改変など一定の契機をとらえて調査を行うこととしている。有害物質を製造・使用・処理していた施設（有害物質使用特定施設）の跡地については，特に土壌汚染の可能性が高い。そこで，その土地の所有者が土壌汚染状況を

目　的

　土壌汚染の状況の把握に関する措置及びその汚染による人の健康被害の防止に関する措置を定めること等により，土壌汚染対策の実施を図り，もって国民の健康を保護する。

制　度

調　査

①有害物質使用特定施設の使用を廃止したとき（法第3条）
　操業を続ける場合には，一時的に調査の免除を受けることも可能（法第3条第1項ただし書）
　一時的に調査の免除を受けた土地で，900m² 以上の土地の形質の変更を行う際には届出を行い，都道府県知事等の命令を受けて土壌汚染状況調査を行うこと（法第3条第7項・第8項）

②一定規模以上の土地の形質の変更の届出の際に，土壌汚染のおそれがあると都道府県知事等が認めるとき（法第4条）
　3,000m² 以上の土地の形質の変更又は現に有害物質使用特定施設が設置されている土地で 900m² 以上の土地の形質の変更を行う場合に届出を行うこと
　土地の所有者等の全員の同意を得て，上記の届出の前に調査を行い，届出の際に併せて当該調査結果を提出することも可能（法第4条第2項）

③土壌汚染により健康被害が生ずるおそれがあると都道府県知事等が認めるとき（法第5条）

④自主調査において土壌汚染が判明した場合に土地の所有者等が都道府県知事等に区域の指定を申請できる（法第14条）

①〜③においては，土地の所有者等が指定調査機関に調査を行わせ，結果を都道府県知事等に報告

土壌の汚染状態が指定基準を超過した場合

汚染土壌の搬出等に関する規制	要措置区域及び形質変更時要届出区域内の土壌の搬出の規制（法第16条、第17条）（事前届出，計画の変更命令，運搬基準の遵守） 汚染土壌に係る管理票の交付及び保存の義務（法第20条） 汚染土壌の処理行の許可制度（法第22条）

図6-4　土壌汚染対策法の概要

調査して，その結果を都道府県知事に報告しなければならない。また，人の健康に被害を及ぼす土壌汚染のおそれがあると認められる土地については，都道府県知事は土地の所有者などに対して，調査とその結果の報告を命ずることができる。

こうした調査は，環境大臣が指定調査機関として指定した業者に依頼しなければならない。これは，調査の信頼性を確保するためである。

土壌の汚染状態が基準に適合しない土地については，都道府県知事は，その区域を指定区域として指定し公示する。さらに，指定区域の台帳を調製し，閲覧できるようにする。また，指定区域内の土地の土壌汚染により人の健康被害が生ずるおそれがあると認めるときは，その土地の所有者などに対して，対策を命ずることができる。

対策の例として，浄化，汚染土壌の封じ込めなどの方法がある。また，汚染土壌に人が直接触れたり摂取しないよう，立入制限，覆土，舗装などの対策がある。こうした対策にかかる費用は，土地所有者がその汚染を起こした原因者に請求できる。

指定区域内において土地の形質を変更する場合は，都道府県知事に届け出なければならない。その施行方法が基準に適合しないと認められるときは，都道府県知事は届出者に計画の変更を命ずることができる。

こうした土壌汚染対策を円滑に推進するために，環境大臣は，指定支援法人を指定できる。指定支援法人とは，汚染の除去などを行う者に対する助成，土壌汚染状況調査についての助言，普及啓発などを行う法人である。土壌汚染防止法では指定支援法人について，その役割や基金の設置などについても定めている。

土壌汚染対策法の一部が2010年4月1日に改正されたが，その後新たに改正土壌汚染防止法が平成31年（2019年）4月1日に施行された。

■ 参考文献

1) 「環境白書 令和2年版」，環境省（2021）.

2) 畑 明郎編，『深刻化する土壌汚染』，世界思想社（2011）.

3) パンフレット「土壌汚染対策法のしくみ」，環境省・日本環境協会（2021.4）.

7
化学物質の生産と安全管理

　化学物質とは何か。人によりまた目的によりそれぞれ異なる解釈をしているのが現状であるが，例えば，『広辞苑』（岩波書店）によると，"物質のうち，特に化学の研究対象になるような物質を区別していう語。純物質にほぼ同じ" とある。また『理化学辞典』（岩波書店）によれば，"物質という一般用語の中で特に化学的立場で物質を取り扱う場合の用語" としている。『化学辞典』（東京化学同人）では，"物質を化学的性質を有するものとしてみた時のよび方" とある。これらに共通なことは，物質を化学という学問の対象としてみるときに "化学物質" とよぶと理解してよいであろう。したがって，ここでは天然物，人による合成物の区分はなくすべて化学物質というわけである。一般的に化学物質というと，人によって合成された物質と理解される場合が多いが，これは誤りであることがわかる。

　なお，『広辞苑（第6版）』においては先の説明に加えて，「化学工業で合成される物質，あるいは人工の物質という意味でつかわれることがあるが，本来はそのような意味はない」と付け加えられた。

　一方，法律的にはどのように定義されているのであろうか。後述する「化学物質の審査及び製造等の規制に関する法律」では，化学物質は "元素又は化合物に化学反応を起こさせることにより得られる化合物" としている。起こさせることから，天然物はこの法律上は含まれないことになる。また「労働安全衛生法」では，"元素および化合物をいう" とあり，天然および人工の区分はなくすべてを化学物質としている。

7-1　化学物質とは

　前述したように，化学物質は様々な定義をされているが，基本的には天然物，合成物を問わずすべてが化学物質といえる。わたし達の身の回りのものは，すべて化学物質でできていると言える。火山などから発生する二酸化硫黄，硫化水素など，また木を構成しているリグニン，セルロースやヒノキの香り成分ヒノキチオールなども自然由来の化学物質である。ペットボトルの原料ポリエチレンフタレート（PET）や蚊取り線香などに入っているピレスロイド系殺虫剤などは人工的に合成された化学物質である（図7-1）。しかし本稿では，人により意図的に合成された物質のうち，主として工業薬品を化学物質の対象

102

食品類
●安息香酸,ソルビン酸など(保存料)
●食用赤色2号など(合成着色料)
●残留微量化学物質

衣料品
●ナイロン,ポリエステルなど
　(化学繊維)
●テトラクロロエチレンなど
　(ドライクリーニング)

農薬・殺虫剤・肥料
●p-ジクロロベンゼン,
　フェニトロチオンなど

自動車
●ベンゼン,トルエンなど

塗料や接着剤
●トルエン,キシレン,
　ホルムアルデヒドなど
●酢酸ビニルなど(接着剤)

洗剤や化粧品
●ヘキサクロロフェン,トリクロサン,
　パラベンなど(殺菌剤,防腐剤)
●LASなど(界面活性剤)

家電製品
●PBDEなど(難燃剤)
●アルミニウム,鉄など(金属類)

医薬品
●アセトアミノフェン,イブプロフェン,
　テトラサイクリンなど

WASH

(環境省資料「PRTRデータを読み解く市民ガイドブック」より)

図 7-1　暮らしの中の化学物質

として扱うことにする。

　なお，わが国の化学産業は出荷額が 2019 年は約 45 兆円であり，これは日本の製造業の総生産額の約 14 ％に相当する。また化学産業に従事する人は約 95 万人であり，製造業全体の 12.3 ％を占めている。世界的に見ると日本の化学産業の出荷額は中国，アメリカ，ドイツについで世界 4 位である。

7-2　化学物質による環境の汚染と被害の発生

　現代社会において，化学物質の果たしている有用な役割りについては誰れもが認めるところであろう。しかしながら，化学物質に起因する環境の汚染と人の健康への被害が発生したことも事実である。ここでは化学物質の範囲を工業化物質に限定せずに広くとり，過去にどのような問題が生じてきたか，振り返ってみよう。

　環境問題は表 7-1 に示すように，5 段階の発生過程をとる。表 7-1 に示す第 2 段階，すなわち工業化の過程で生じた環境問題がいわゆる公害と称されるものであり，これらには三重県四日市市とその周辺において発生した四日市ぜん息がある。この主たる原因は化石燃料の燃焼から生じた窒素および硫黄酸化物である。また熊本県水俣市およびその周辺で発生した水俣病，新潟県阿賀野川流域で発生した第二水俣病もその主原因は工場排水中のメチル水銀化合物であった。

　第 3 段階の微量有害化学物質による問題は，さらに表 7-2 のように細分される。

表 7–1　環境汚染問題の発生過程

段　階	特　徴
1	人口の集中，過密化に伴う汚染
2	工業化に伴う汚染
3	微量有害化学物質に伴う汚染
4	富栄養化に伴う汚染
5	非意図的生成物に伴う汚染

表 7–2　化学物質による環境の汚染と被害の発生例

段　階	例
1	DDT に見られる例
2	PCB に見られる例
3	ダイオキシン等非意図的生成物に見られる例
4	CFC（フロン）に見られる例
5	外因性内分泌攪乱化学物質に見られる例

物　質　名	構造式	性　状
p,p´–DDT〔1,1,1–トリクロロ–2,2–ビス（*p*–クロロフェニル）エタン〕	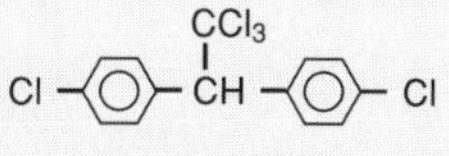	mp. 108.5℃　水への溶解度 0.002 mg/L　LD–50 113 mg/kg 体重（ラット，経口）
PCBs（ポリクロロビフェニル）	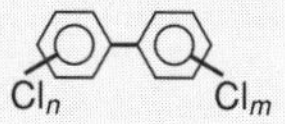 　$2 \leqq n+m \leqq 10$	塩素の数により常温で液体または固体　Aroclor 1254 の場合（5塩化物）　bp. 365〜390℃　LD–50 1295 mg/kg 体重（ラット，経口）
ダイオキシン類（PCDD，PCDF およびコプラナー PCB の混合物）	PCDD 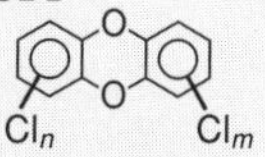 $1 \leqq n+m \leqq 8$ 75種　PCDF 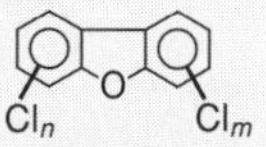 $1 \leqq n+m \leqq 8$ 135種　コプラナー PCB 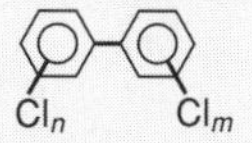 $2 \leqq n+m \leqq 8$ 14種	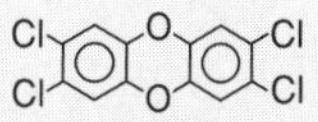 の場合 TCDD　mp. 295℃　LD–50 0.022 mg/kg 体重（ラット，オス，経口）
CFCs（クロロフルオロカーボン，フロン）	CFC–11　CCl_3F　CFC–12　CCl_2F_2 など	CFC–11 の場合　bp. 23.7℃
有機スズ化合物	トリブチルスズオキシド（TBTO） 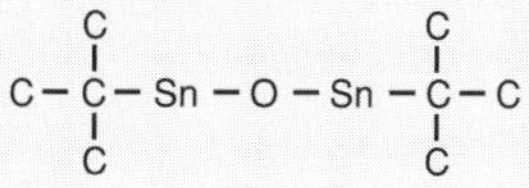	

（注）mp.：融点，bp.：沸点
　　　LD–50：半数致死量
　　　コプラナー PCB：平面構造をとる PCB

図 7–2　代表的な環境汚染物質の構造式

　以下，各段階ごとに概観していく。

　第1段階はDDTの問題である。DDTは図7-2に示す構造式を持つ有機塩素系化合物であり，1874年にドイツのツァイドラーにより合成された。その後，スイスのパウル・ミューラーがDDTに殺虫効力のあることを発見し，彼はこの功績により1948年にノーベル賞を受賞している。DDTは従来の天然物や重金属に代わるまさに"奇跡の薬品"とよばれるほどのすばらしい薬効を示した。しかし，その奇跡の薬品も対象生物以外への毒性，さらには環境残留性と高い生物蓄積性により現在は一部の途上国を除き世界的に使用が禁止されている。

　第2段階はPCBによる問題である。PCBは図7-2に示す構造式を有し，1929年アメリカで工業化され，1954年にはわが国でも製造が開始された。電気絶縁油，感圧紙，熱媒体などとして用いられ，1954～1972年の国内の生産量は59,000 tに達している。新幹線が走るのもPCBがあったからともいわれるくらい有用な物質であった。この有用な物質が1974年にわが国では製造，使用が禁止された。その理由としてはDDTと同じ有機塩素系化合物であり，環境中に長く残留し，かつ魚介類に高度に蓄積したためである。またPCBは急性毒性はほとんどないが，微量を長期に摂取すると免疫障害や発がん性を生じる。

　DDTはそもそも農薬として開発されており，対象生物以外にも毒性を示すことはやむを得ないが，PCBは工業薬品であり，かつ急性毒性をほとんど持たない物質である。この教訓として急性毒性のみで安全性を判断してはならないということである。

　第3段階は非意図的生成物による問題である。これらの代表例としては，主として物の燃焼により生じるダイオキシン類，そして水道の浄水過程により生じるトリハロメタン類がある。

　第1段階のDDT，第2段階のPCBは用途は異なるにせよ，いずれも人によりある目的をもって意図的に合成された物質である。しかしながら，第3段階の物質は非意図的に生成されてくる。ここでは当然のことながら，非意図的に生成される物質に対しても有害な物質が存在し，注意を払う必要があるということである。

　第4段階はCFC（クロロフルオロカーボン）による問題である。それらの一例を図7-2に示す。CFCは冷媒，洗浄剤，発泡剤，噴射剤などとして用いられてきた。その最大の特長は無味，無臭，無毒，不燃のほか熱伝導率および表面張力が小であり沸点も低い点にある。たとえば沸点が低く表面張力が小さく，かつ比重が水より大きいことから半導体などの蒸気浴による洗浄が可能となる。熱伝導率が小さいことはウレタンフォームの発泡剤として用いられた時の断熱性が良好となるなどきわめてすぐれた物質である。CFCは1931年にアメリカで生産されはじめたが，1941年にはプルーストリー賞に輝いている。これほどのすばらしい物質が特定フロン*を中心に現在は使用が規制されているのはなぜだろうか。それはCFC自体が持つ毒性ではなく，CFCがオゾン層を破壊するこ

＊　分子中に水素原子を持たないため対流圏で分解されないフロン類。CFC-11，CFC-12など。

とにより，結果として間接的に有害な影響を及ぼすからである。代替 CFC 開発の方向としては，分子中に水素原子を残し，大気中の·OH ラジカルとの水素引き抜き反応を利用して対流圏で分解する HCFC の開発，または CFC 中の塩素原子が連鎖反応によりオゾン層を破壊するので分子中に塩素原子を有しない HFC の開発がある。

　第 5 段階は外因性内分泌かく乱化学物質の問題であり，これらについては野生生物に対しては明らかな影響が認められている。最も気になる人への影響については，精子数の減少などがいわれているが，研究者により異なる見解が報告されており，現段階では必ずしも明確でない。

> ### コプラナ PCBs
>
> 　PCB のうち，共平面構造型の PCB をいう。オルト位に塩素が配位していないもの，1 つあるいは 2 つ配位している化合物があり，環境省では 14 種をダイオキシン類と規定している。
> 　ノンオルト PCBs（Non-ortho PCBs）：オルト位非塩素置換型塩化ビフェニル。4 種がダイオキシン類に規定されている。
> 　モノオルト PCBs（Mono-ortho PCBs）：オルト位 1 塩素置換型塩化ビフェニル。8 種がダイオキシン類に規定されている。
> 　ジオルト PCBs（Di-ortho PCBs）：オルト位 2 塩素置換型塩化ビフェニル。2 種がダイオキシン類に規定されている。
>
> ### 有機塩素とは
>
> 　自然界においては塩素原子は通常 NaCl のような塩化物，また塩化物イオン（Cl^-），塩酸塩などとして存在している。有機塩素は化学反応により炭素原子と塩素原子を直接結合させたもの（C–Cl）であり，PCB，DDT などのほかトリクロロエチレンなどの多くの有機溶媒がある。特に有機塩素系の溶媒は海水中から NaOH を電気分解により製造する際の副産物である塩素の有効利用という面から製造されたものである。C–Cl 結合を持った物質は一般的に微生物により分解されず，また毒性上も問題のある物質が多い。
>
> ### 感圧紙とは
>
> 　かつては複数枚の紙に複写するときは，紙と紙との間にまっ黒なカーボン紙をはさみ，筆圧でカーボンを下の紙に塗布する方法をとっていた。感圧紙とは上の紙の下面と下の紙の上面に色素の成分をカプセル内にとじこめておき，筆圧でこのカプセルをつぶして化学反応により下の紙に複写できるようにしたもので，ノンカーボン紙ともいう。
>
> ### 蒸気浴による洗浄とは
>
> 　洗浄する材料を溶媒中に直接浸す方法だと，洗浄溶媒が汚れてくると，逆に材料を汚染しかねない。蒸気浴では CFC など溶媒の沸点が低い特性を利用して，洗浄溶媒を蒸留しながら行うので，常に新しい溶媒で洗浄できる利点がある。

7–3　化学物質の法的規制

　7–1 で述べたように，化学物質はその用途により種々の名称でよばれる。表 7–3 はその用途と対応するわが国の規制法を示す。図 7–3 に示すように，例えば医薬品について

表 7–3　化学物質のライフステージと対応する法律

規制段階	対象状況	対象物質	用　途	毒　性	法　律
製造・輸入・使用	一般的状況	普通物質	一般工業用 （含汎用用途）	慢性毒性	化学物質の審査及び製造等の規制に関する法律（化審法）
				急性毒性	毒物及び劇物取締法
			特定用途 （医薬品，農薬，食品添加物など）		薬事法，農薬取締法，食品衛生法など
		特殊状況	覚せい剤，麻薬など		覚せい剤取締法，麻薬及び向精神薬取締法
	特殊状況	労働者の職場			労働安全衛生法
廃棄排出	大気，公共用水域など				大気汚染防止法，水質汚濁防止法など

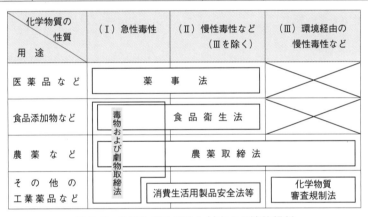

性質 用　途	（I）急性毒性	（II）慢性毒性など （IIIを除く）	（III）環境経由の慢性毒性など
医薬品など	薬　事　法		
食品添加物など	毒物および劇物取締法	食品衛生法	
農薬など		農薬取締法	
その他の工業薬品など		消費生活用製品安全法等	化学物質審査規制法

図 7–3　化学物質の用途と対応する法的規制

は「薬事法」が対応しており，対象となる毒性が急性および慢性毒性などであることがわかる。一方，「毒物及び劇物取締法」では医薬品を除き化学物質の用途に関係なく急性毒性の面からの規制をしていることも理解されよう。

　表 7–3 は化学物質の製造，輸入，使用および廃棄のどの段階を規制するかの観点からの表である。本稿では 7–2 に述べた PCB 問題を契機に制定された「化学物質の審査および製造等の規制に関する法律」について詳しく述べることにする。

7–3–1　化学物質の審査および製造等の規制に関する法律（化学物質審査規制法）

　本法は 1973 年，わが国における PCB 問題*を契機に化学物質による環境の汚染および

＊　PCB による環境の汚染および PCB が混入した食用油を摂取した人に発症した中毒（油症）事件。
　　油症の主な原因物質は熱媒体として使用された PCB が加熱により変化した PCDF である（図 7–2 参照）。

人への被害を未然に防止することを目的として制定された。当初はPCB類似物質，すなわち環境中で分解されず，魚介類に高度に蓄積し，かつ継続的に摂取される場合には人の健康に有害な影響を与える物質を事前に規制する目的で立法化されたが，その後トリクロロエチレンなどのように，PCBのような高度な蓄積性はないが環境中で分解されず，かつ継続的に摂取される場合には人の健康に悪影響を与える物質の規制も必要になり1987年に改正され，また，2003年には人の健康の保護のみでなく動植物の保護も目的に加えることにし，3度目の改正が行われた。さらに，2009年にはリスクベースの評価体系にするための4度目の改正が行われた。

さらに2017年には新規化学物質の審査特例制度における国内総量規制を製造・輸入数量から環境排出数量に変更した。また一般（新規）化学物質のうち，毒性が強いものを「特定一般（新規）化学物質」として指定する制度を導入した。

(1)　目　的

法第1条では，本法の目的を以下のように示している。

「この法律は，人の健康を損う恐れ又は動植物の生息若しくは成育に支障を及ぼすおそれがある化学物質による環境の汚染を防止するため，新規の化学物質の製造又は輸入に際し事前にその化学物質の性状に関して審査する制度を設けるとともに，その有する性状等に応じ，化学物質の製造，輸入，使用等について必要な規制を行なうことを目的とする。」

この法律は

(1) 化学物質について製造または輸入の前に審査をすること。（事前審査制度）

(2) 化学物質が，人の健康を損なうか，動植物の生息若しくは成育に支障を及ぼすおそれがあるかを判断すること。（化学物質から守られるべき対象）

(3) 化学物質の性状に応じ，必要な規制を行うこと。

の3つが柱となっている。

これまでの改正の中でも特に重要な2003年，2009年の改正について，以下述べる。

2003年の改正の主要な点

① 環境中の動植物への影響に着目した審査，規制制度を導入

従来は環境汚染を通じて人の健康に被害を生じることがないようにするための法律であったが，諸外国の法律が人の健康の保護と並んで環境生物の保護も目的としていること，また2002年1月にOECD（経済協力開発機構）が，生態系保全*を含むよう規制の範囲を拡大すべき，との勧告をわが国に行なったことを受けて，動植物への影響面も法の目的に加えられたわけである。

② 難分解性，高蓄積性があり，毒性が不明な既存化学物質に関する規制の導入

従来は第1種特定化学物質として指定，必要な規制を行なうためには難分解性，高蓄

---

*　生態系とは生物的要因（動物，植物など）と非生物的要因（土壌，水，風など）から成る一定の機能を持つ場をいう。例えば森林生態系，海洋生態系など。

積性，そして継続的に摂取された場合には人の健康に有害な影響のあること（いわゆる慢性毒性，発がん性など），の3点が明確にされる必要があった。しかしながら，3つ目の毒性データはその入手に数年，また費用も総合計で数億円がかかり，これらのデータが出るまでは難分解性，高蓄積性物質については規制などが行なえなかった。しかしながらこの法改正において毒性のデータが明確になるまでの間，i）製造・輸入実績数量の届出，ii）開放系用途の使用の削減などの指導，助言，iii）事業者に毒性の調査を求める制度を導入した。この考え方は予防原則の考え方を導入したものである。予防原則（precautionary principle）と予防的取組み（precautionary approach，従来は予防的方策と訳していたが，現在は取組みで統一）については普遍的な概念があるわけではない。

　例えば予防的取組みには，禁止，製品の規制，教育，警告など幅広い範囲があり，どの取組みをとるかは政策決定者に委ねられるが，可能な限り科学的評価にもとづくリスク分析，代替的な措置の有用性などを考えねばならない。

　③　環境中への放出可能性に着目した審査制度の導入

　従来は試薬，試験研究用途，医薬品中間物，年間国内総量1t以下の少量新規化学物質については環境への放出が限られる，という観点から事前の試験や審査を除外していたが，欧米においては中間物，閉鎖系用途，輸出専用品，低生産量化学物質については，環境への放出可能性が小さいことより異なる審査体系が行なわれている。本法においても環境中への放出可能性がきわめて小さい中間物，閉鎖系用途，輸出専用品については事前の確認により製造，輸入を認めることにした。これまでは医薬品中間体のみが除外されていた。

　④　事業者が入手した有害性情報の報告の義務付け

　新規化学物質の判定の見直しや既存化学物質の点検などに活用するとの観点から，本法の審査項目である分解性，蓄積性，人への長期毒性，動植物への毒性情報について，一定の有害性を示す情報を製造，輸入事業者が入手した場合には，国への報告を義務づけることにした。

2009年の改正の主要な点

2009年の改正の背景であるが，これらには

　①　2020年までにすべての化学物質による人の健康や環境への影響を最小化すべきという2002年の環境サミットでの合意（2020WSSD合意），すなわち予防的な取り組み方法に留意しつつ，透明性ある科学的根拠に基づくリスク評価手順と，科学的根拠に基づくリスク管理手順を用いて，化学物質が人の健康と環境に及ぼす著しい悪影響を最小化する方法で使用，生産されることを2020年までに達成すること。

　②　しかしながら，これまでの化学物質審査規制法では1973年の法律制定以降，新たに製造または輸入された化学物質（新規化学物質）が事前審査の対象であり，法律制定以前から市場に出ている多くの化学物質（既存化学物質）は事前審査の対象でなく，こ

れらの多くの化学物質についての安全性審査は未了であること。

③ 従来の法律は主として化学物質の有害性（ハザード）に着目した規制体系であるが，人および環境生物へどれだけ影響を与える可能性があるかの環境排出量（曝露量）を加味したリスクベースの規制体系（リスク管理）に移行する必要があること

④ 国際条約（ストックホルム条約，後述）で禁止される対象物質について，必須の用途については例外的使用を認める合意ができ，これらにも対処する必要があり，現行の法律では例外使用の規定が制限的であるため，必須の用途が確保できないこと。

などの背景があった。

これらを受けて，2009 年の改正では

① 既存化学物質を含むすべての化学物質につて，一定数量以上製造，輸入した事業者に対し，その用途や製造量などの届出を新たに義務付けること。

② 国はこの届出を受けて詳細な安全性評価の対象となる化学物質に対し優先度をつけて絞り込む（優先評価化学物質）こと，またこの際，使用するデータについては製造輸入業者に報告を求め，ヒトや環境生物への健康等に与える影響を段階的に評価すること。

③ その結果により，リスクの程度に応じ，有害化学物質およびそれらを含む製品の製造使用などについて必要な規制を行うこと。

④ 国際条約で新たに規制対象に追加される物質について，厳格な管理の下で使用できるようにすること，具体的には代替不可能であって，かつストックホルム条約などにおいて国際的に許容されている用途（エッセンシャルユース）については認めることにする。

⑤ これまで規制の対象としてこなかった環境中で分解しやすい化学物質についても，その分解量を超える量が環境中に放出されることにより，人または環境生物への有害性が懸念される事，さらには WSSD 合意ではわが国に流通するすべての化学物質を対象に安全性評価を段階的に進められる体系を構築することが求められていること，アメリカ，EU などの諸外国規制では難分解性の化学物質に限定した規制措置とはなっていないこと，これらの理由により良分解性の物質も規制の対象とすることにした。

⑥ 製造などの届出が不要な物質として，法第 3 条において高分子化合物について以下のような免責を与えることにした。すなわち「その新規化学物質が高分子化合物であり，これによる環境の汚染が生じて人の健康に係る被害または生活環境動植物の生息もしくは生育に係る被害を生じる恐れがないものとして，大臣が定める基準に該当する旨の大臣の確認を省令で定めるところにより受けて，その新規化学物質を製造または輸入するとき」。

これらに該当するポリマーは「低懸念ポリマー」と称されるが，実際には

ⅰ）数平均分子量が 1000 以上

ⅱ）酸，アルカリに対して重量の変化がない

ⅲ）Na，Mg，Ca 以外の金属を含まない

　ⅳ）水および有機溶媒には不溶，溶ける場合には炭素間二重，三重結合を含まない，またエポキシ基やスルホン酸基を含まない

　ことが条件となる。

　⑦　その他の改定としてはサプライチェーンに係る情報の収集があり，監視化学物質を事業者間で譲渡する場合には，相手方事業者に対して当該化学物質が監視化学物質であること等を伝達する努力義務などがある。

　（2）法 体 系

　図 7–4 に改正された本法の概要を示す。

　まず，1 t/年以上 10 t/年以下の新規化学物質を製造または輸入する場合は，分解性，蓄積性（分解しないと判断されたとき）のデータとともに国へ届出ることになる。この場合，先に述べた環境放出性がきわめて低い物質の場合は，確認を受ければよい。

　次に，年間の製造，輸入数量が 10 t を超えたとき，新たに人への長期毒性の疑いに関するデータおよび動植物への毒性データを届ける必要がある。

　なお，図 7–4 中の優先評価化学物質であるが，法第 2 条では次のように定義している。

　（1）環境において相当程度残留またはその見込みのあること。

　（2）当該化学物質による環境の汚染により人の健康に係る被害，または生活環境動植物の生息もしくは生育に係る被害を生ずる恐れがないとは認められないこと。

　（3）そのため，その性状に関する情報を収集，その使用等の状況を把握し，その恐れがあるものかどうかについての評価を優先的に行う必要性がある物質。

　実際には以下のような手順を用い，リスク評価の視点で優先評価化学物質の指定を行っている。すなわち，化学物質審査規制法における化学物質のリスクは有害性（ハザード）と環境排出量（曝露量）の関数としてあらわされる。

　したがって図 7–5 に示すように有害性クラスと曝露クラスからなる優先度マトリックスを用いて行う。

　①　人の健康に係るスクリーニング評価で対象とする有害性の項目

　この法律は継続的に摂取された時，人の健康に影響があるかどうかを審査するものであるため，表 7–4 に示す毒性が対象となる。有害性クラスの当てはめには動物実験で得られた無毒性量などを表 7–5 に示す不確実係数積で除して求める。

　②　生態系生物に係るスクリーニング評価で対象とする有害性の項目

　本法では水生生物への有害性で代表することにし，藻類，ミジンコ，魚類への毒性データをもとに表 7–6 に示す不確実係数を用いて PNEC（予測無影響濃度）を求める。

　③　曝露クラスと曝露量の算出

　図 7–6，図 7–7 に示すように 6 段階に分類する。

　算出の具体的な手順を以下に述べる。

　（ⅰ）人への曝露

　まず当該物質が輸入品であるか，国内製造であるかを確認し，国内製造品であるとき

○上市前の事前審査及び上市後の継続的な管理により，化学物質による環境汚染を防止。

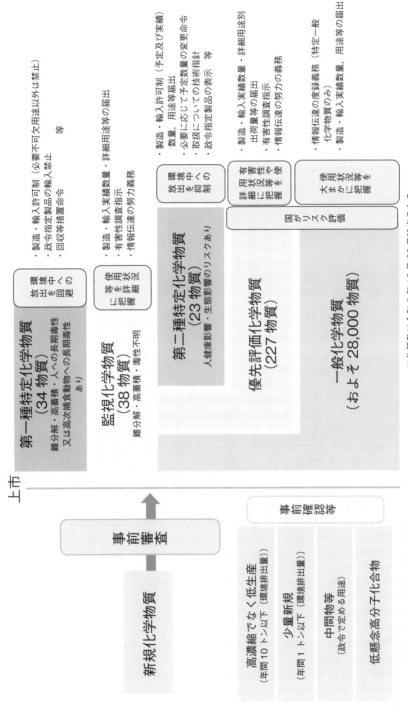

図 7-4　改正化審法の全体像

※物質数は令和 3 年 10 月 22 日時点のもの

		有害性の指標（有害性クラス）			
		1（強）	2（中）	3（弱）	クラス外
曝露の指標（曝露クラス）	1（大）○t超	高	高	中	
	2（中）○〜○t	高	中	低	
	3（小）○〜○t	中	低	低	
	クラス外 ○t以下				クラス外

図7–5　スクリーニング評価における優先度(高・中・低)付けのイメージ（優先度マトリックス）

表7–4　人の健康に係るスクリーニング評価で対象とする有害性の項目

スクリーニング評価で対象とする有害性の項目	長期毒性に係る有害性調査指示の試験項目	GHS分類の項目
一般毒性	慢性毒性試験	特定標的臓器毒性（反復曝露）
生殖発生毒性	生殖能および後世代に及ぼす影響に関する試験催奇形性試験	生殖毒性
変異原性	変異原性試験	生殖細胞変異原性
発がん性	がん原性試験	発がん性

表7–5　不確実係数の例（一般毒性の場合）

```
種間差 ……………………………………………………10
個体差 ……………………………………………………10
試験期間  90日未満 ……………………………………6
        90日以上12か月未満……………………………2
        12か月以上の試験期間 ……………………1
LO(A)EL採用 ……………………………………………10
影響の重大性 ………………………………………1〜10
```

表7–6　水生生物に対するPNECの導出に用いる不確実係数

		種間外挿のUF	急性から慢性へのUF(ACR)	室内試験から野外へのUF	不確実係数積UFs
3つの栄養段階の慢性毒性試験結果がある場合		—	—	10	10
2つの栄養段階の慢性毒性試験結果がある場合		5	—	10	50
1つの栄養段階の慢性毒性試験結果がある場合		10	—	10	100
3つの栄養段階の急性毒性試験結果がある場合		—	ACR	10	10 × AC
慢性毒性試験結果が欠けている栄養段階の急性毒性試験結果が揃わない場合		10	ACR	10	100 × ACR
ACR	藻類	20			
	ミジンコ　アミン類	100			
	ミジンコ　アミン類以外	10			
	魚類	100			

PNEC ： Predicted No Effect Concentration の略で生態系に対する無影響濃度予測値のこと。

有害性の項目	分類基準	クラス外	4	3	2	1
一般毒性	案	有害性評価値>0.5	0.05< 有害性評価値≦0.5	0.005< 有害性評価値≦0.05	有害性評価値≦0.005	設定なし
	第二種監視化学物質の判定基準	[第二種監視化学物質相当ではない] 28日反復NOEL≦250	[変異原性試験結果と併せて第二種監視化学物質相当] 28日反復NOEL≦250	[区分2] 10<90日反復LOAEL≦100	[第二種監視化学物質相当] 90日反復LOAEL≦10	
	GHSの分類基準（特定標的臓器毒性（反復曝露））					[区分1] 90日反復LOAEL≦10
生殖発生毒性	案	有害性評価値>0.5	0.05< 有害性評価値≦0.5	0.005< 有害性評価値≦0.05	有害性評価値≦0.005	設定なし
変異原性	案	以下のいずれか ・GHS区分外 ・化管法変異原性のいずれも陰性 ・in vivo試験で陰性※2	化審法の変異原性試験のいずれかが陽性※1	化審法の変異原性試験のいずれも陽性	以下のいずれか ・GHS区分1B,2 ・化審法判定における強い陽性 ・化管法の変異原性の陽性結果	GHS区分1A
	第二種監視化学物質の判定基準	[第二種監視化学物質相当] 変異原性試験のいずれかが陰性	[反復投与毒性試験の中等度の毒性と併せて第二種監視化学物質相当] 第二種監視化学物質相当 変異原性試験のいずれかが陽性※1	[第二種監視化学物質相当] 変異原性試験のいずれも陽性	[第二種監視化学物質相当] 変異原性試験のいずれかで強い陽性	[第一種監視化学物質相当] 変異原性試験のいずれも陽性
	GHSの分類基準（生殖細胞変異原性）	情報があり区分1または2に分類されなかった物質	設定なし	設定なし	[区分1B,2] ヒト生殖細胞に経世代突然変異を誘発する／可能性がある物質	[区分1A] ヒト生殖細胞に経世代突然変異を誘発するとみなされることが知られている物質
発がん性	案	IARC 3,4 ACGIH A4,A5 など			IARC 2A,2B 産業衛生学会 2A,2B ACGIH A2,A3 など	IARC 1 産業衛生学会 1 ACGIH 1 など
	GHSの分類基準（発がん性）	情報があり区分1または2に分類されなかった物質			[区分1B,2] ヒトに対しておそらく発がん性がある／疑われる物質	[区分1A] ヒトに対する発がん性が知られている物質

有害性クラス（有害性の単位はmg/kg/day）

分類基準案の有害性クラスを統合

人の健康に係る有害性クラス

4つの項目について独立にクラス付けし、クラスの一番びしい（数字の小さい）クラスにする

※1 軽微な陽性、強い陽性を除く
※2 in vivoの変異原性試験で陽性がある場合、[クラス外]とするかは個別に専門家判断

曝露クラス		1	2	3	4	クラス外
1	10,000 t超	高	高	高	高	中
2	1,000 t超 10,000 t以下	高	高	高	中	中
3	100 t超 1,000 t以下	高	高	中	中	低
4	10 t超 100 t以下	高	中	中	低	低
5	1 t超 10 t以下	中	中	低	低	
クラス外	1 t以下					クラス外

図7-6 人の健康に係る優先度マトリックス

図7-7 生態に係る優先度マトリックス

曝露クラス		有害性クラス（有害性の単位はmg/L）					分類基準
		1 PNEC≦0.001	2 0.001<PNEC≦0.01	3 0.01<PNEC≦0.1	4 0.1<PNEC≦1	クラス外 PNEC>1	案
1	10,000 t超	高	高	高	高		
2	10,000 t以下 1,000 t超	高	高	高	中		
3	1,000 t以下 100 t超	高	高	中	中		
4	100 t以下 10 t超	高	中	中	低		
5	10 t以下 1 t超	中	中	低	低		
クラス外	1 t以下					クラス外	

第三種監視化学物質の判定基準

【第三種監視化学物質相当】以下のいずれか
急性毒性値(藻類)≦2
急性毒性値(ミジンコ・アミン類)≦10
急性毒性値(ミジンコ・アミン類以外)≦1
急性毒性値(魚類)≦0.1

【第三種監視化学物質相当ではない】以下のいずれも
急性毒性値(藻類)>2
急性毒性値(ミジンコ・アミン類)>10
急性毒性値(ミジンコ・アミン類以外)>1
急性毒性値(魚類)>0.1

水生生物毒性のGHS（改訂3版）（急性・慢性）の分類基準を用いた慢性毒性の分類基準

【区分 慢性1】
慢性毒性値≦0.1

【区分 慢性1】
急速分解性ではないか,BCF≧500(logK_ow≧4)のいずれか
慢性毒性値が欠けている種の急性毒性値≦1

【区分 慢性2】
0.1<慢性毒性値≦1

【区分 慢性2】
急速分解性ではないか,BCF≧500(logK_ow≧4)のいずれか
0.1<慢性毒性値≦1
1<慢性毒性値が欠けている種の急性毒性値≦10

【区分 慢性3】
急速分解性ではないか,BCF≧500(logK_ow≧4)のとき
10<急性毒性値≦100

3種の慢性毒性値がある場合
【区分外】情報があり左記以外

2種以下の慢性毒性値の場合
【区分外】情報があり左記以外

には製造時の環境放出量として製造量に表7–8の最下部にある係数を乗じる。そして次に用途ごとに使用量を算出し，大気および水域への排出係数を乗じて合算する。

（ⅱ）環境生物への曝露

この場合は水域への放出のみを対象とする。

国内製造品である場合には（ⅰ）と同じように水域への排出係数を製造量に乗じる。次に用途ごとの使用量に水域への排出係数を乗じる。なお，当該化学物質が良分解性である場合には排出係数にさらに0.5を乗じる。

優先評価化学物質に指定した後の詳細リスク評価の手法については現在以下のサイトに公開されている＊。

（3）試験の条件と判定

（ⅰ）自然的作用による化学的変化を生じるか否か，生物の体内に蓄積されやすいものか否かを明らかにする試験

自然的作用により化学的変化を生じにくいか否かの判定については，微生物などによる分解性試験が定められている。環境中に放出された化学物質は表7–7に示すような種々の変化を受けるが，大部分の化学物質が水圏に移行すること，水圏の中では微生物による分解が最も大きな寄与であることより，微生物を用いた分解性試験が用意されているわけである。

では次にどのような試験条件を設定すべきであろうか。環境中での分解性を調べるのであるから，環境条件をシミュレーションすることが，まず第一に考えられる。しかしながら，例えば水環境を例にとっても海洋，河川，湖沼と種々あり，また汚染の程度に

表7–7　化学物質の環境中における分解と濃縮

	分　解		濃　縮	
	生　物	非生物	生　物	非生物
大気		光分解		
水	生分解	光分解 加水分解	生物濃縮	
土壌 底質	生分解			岩石など への濃縮
	土壌分解			

新規化学物質と既存化学物質の区分

　1973年に化学物質審査規制法が制定された時点で，現に業としてわが国で製造または輸入されていた物質で政府が定めたものを既存化学物質という。数え方にもよるが，これらは約2万物質あり，既存化学物質については基本的に国の責務として安全性データの入手，評価が行なわれている。なお第1種，第2種の特定化学物質は過去48年，いずれも既存化学物質の安全性点検から指定されている。

＊ https://www.meti.go.jp/policy/chemical_management/kasinhou/information/ra_1406_tech_guidance.html

表7–8　スクリーニング評価用の排出係数 Ver. 2

番号	用途分類	一般化学物質用		高分子化合物用	
		大気	水域	大気	水域
101	中間物	0.001	0.0003	0.0001	0.0001
102	塗料用，ワニス用，コーティング剤用，インキ用，複写用又は殺生物剤用溶剤	0.3	0.00008	—	—
103	接着剤用，粘着剤用又はシーリング剤用溶剤	0.4	0.0002	—	—
104	金属洗浄用溶剤	0.2	0.00008	—	—
105	クリーニング洗浄用溶剤	0.02	0.0001	—	—
106	その他の洗浄用溶剤（104及び105に揚げるものを除く。）	0.06	0.0003	—	—
107	工業用溶剤（102から106までに揚げるものを除く。）	0.02	0.0007	—	—
108	エアソール用溶剤又は物理発泡剤	1	0	—	—
109	その他の溶剤（102から108までに揚げるものを除く。）	1	0	—	—
110	化学プロセス調節剤	0.0004	0.0003	0.00002	0.0003
111	着色剤（染料，顔料，色素，色材等に用いられるものをいう。）	0.0002	0.00004	0.00002	0.00004
112	水系洗浄剤（工業用のものに限る。）	0.0006	0.01	0.00004	0.01
113	水系洗浄剤（家庭用又は業務用のものに限る。）	0	1	0	1
114	ワックス（床用，自動車用，皮革用等のものをいう。）	0	1	0	1
115	塗料又はコーティング材	0.001	0.0005	0.00007	0.0004
116	インキ又は複写用薬剤	0.001	0.00008	0.00009	0.00008
117	船底塗料用防汚剤又は漁網用防汚剤	0.0002	0.9	0.00002	0.9
118	殺生物剤（成形品に含まれるものに限る。）	0.02	0.003	0.01	0.003
119	殺生物剤（工業用のものであって，成形品に含まれるものを除く。）	0.01	0.03	0.0002	0.03
120	殺生物剤（家庭用又は業務用のものに限る。）	0.2	0.08	0.05	0.1
121	火薬類，化学発泡剤又は固形燃料	0.002	0.0008	0.0004	0.0008
122	芳香剤又は脱臭剤	1	0	1	0
123	接着剤，粘着剤又はシーリング材	0.001	0.0001	0.00009	0.0001
124	レジスト材料，写真材料又は印刷版材料	0.003	0.005	0.00009	0.005
125	合成繊維又は繊維処理剤	0.004	0.04	0.0007	0.03
126	紙製造用薬品又はパルプ製造用薬品	0.0003	0.005	0.00003	0.006
127	プラスチック，プラスチック添加剤又はプラスチック加工助剤	0.001	0.00004	0.0001	0.00004
128	合成ゴム，ゴム用添加剤又はゴム用加工助剤	0.0005	0.00005	0.00005	0.00005
129	皮革処理剤	0.0007	0.002	0.0001	0.001
130	ガラス，ほうろう又はセメント	0.0004	0.001	0.0001	0.0008
131	陶磁器，耐火物又はファインセラミックス	0.002	0.0006	0.0004	0.0008
132	研削砥石，研磨剤，摩擦材又は固体潤滑剤	0.003	0.0006	0.0003	0.0006
133	金属製造加工用資材	0.003	0.003	0.0007	0.004
134	表面処理剤	0.01	0.005	0.003	0.003
135	溶接材料，ろう接材料又は溶断用材料	0.009	0.007	0.01	0.007
136	作動油，絶縁油又は潤滑油剤	0.0004	0.00003	0.00002	0.00002
137	金属加工油又は防錆油	0.0008	0.005	0.0007	0.005
138	電気材料又は電子材料	0.0005	0.0007	0.0001	0.0007
139	電池材料（一次電池又は二次電池に用いられるものに限る。）	0.0005	0.0002	0.00009	0.0002
140	水処理剤	0.0004	0.009	0.00003	0.01
141	乾燥剤又は吸着剤	0.002	0.002	0.0001	0.02
142	熱媒体	0.003	0.002	0.0002	0.002
143	不凍液	0.001	0.001	—	—
144	建築資材又は建設資材添加物	0.01	0.005	0.0006	0.004
145	散布剤又は埋立処分前処理薬剤	0.05	0.7	0.01	0.7
146	分離又は精製プロセス剤	0.003	0.02	0.0002	0.02
147	燃料又は燃料添加剤	0.00004	0.000007	0.000003	0.000007
198	その他の原料，その他の添加剤	0.5	0.5(1)※	0.5	0.5(1)※
199	輸出用のもの	0	0	0	0
＊	その物質自体の製造	0.00003	0.000004	0.000001	0.000004

※（　）の中の値は，生態に係るスクリーニング評価用

よりそこに存在する微生物の種，量も異なる。化学物質をその上市に先だって環境中での分解性を評価する際，上記のシュミレーションという考え方を採用するときわめて多くの条件を設定せねばならず，事実上不可能ともいえる。そこでOECDでは表7–9に示すような易分解性試験，本質的分解性試験を定義し，それらを図7–8に示すスキームにより実施することを推奨している。表7–10の分解性テスト条件は，表7–9の易分解性試験のカテゴリーに入るものである。

　もし試験に供した化学物質が易分解性を示さない場合，第2段階としてその化学物質

表7-9　易分解性試験と本質的分解性試験の相違

試験の種類	内　　容
易分解性試験	これらの試験においては通常，供試化学物質が唯一の有機炭素源であり，比較的少量の生物に曝露される。また非特異的な分析法を用い，完全分解性についての知見を得ることを目的としている。生物源は事前に供試化学物質で順化しないことにしている。したがって，これらの試験において良分解と判定された物質は，自然環境中においても容易に分解するものと考えられる。しかし逆に分解しないと判定された物質は，必ずしも自然環境中で分解しないわけではない。
本質的分解性試験	化学物質の分解性に対し，最も望ましい分解条件における試験であり，多量の生物量，順化，栄養塩の添加，試験期間の延長などが図られている。したがって，この試験条件下で分解したとしても，これは必ずしも自然環境中における速やかな分解を意味するものではない。逆に，この試験条件下で難分解と判定された物質は，分解しないと考えてよい。

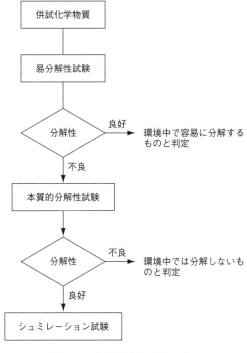

図7-8　生分解試験の組み立て

表7-10　分解性試験条件

植種源	全国的な地域分布を考慮の上，多種類の化学物質が消費，廃棄されると見られる場所を中心に全国 10 ヶ所以上から採取した汚泥を合成下水により培養してから用いる。
植種濃度	懸濁物質濃度として 30 mg/L とする。
化学物質濃度	100 mg/L
温度・培養期間	25 ± 1 ℃，通常は 28 日
結果の表示	酸素消費量からの分解度
	直接定量からの分解度
試験条件の確認	試験終了時の被験物質の分解度の最大値と最小値の差が 20 ％未満であり，かつ，酸素消費量から求めたアニリン（標準物質）の分解度が 14 日後に 60 ％以上のこと。

表7-11　濃縮性試験条件

供試魚	原則としてメダカおよびコイ，他の魚種でも可
試験液の供給	流水方式
試験濃度	2 濃度とする。高濃度区の濃度は LC-50 値（半数致死濃度）の 1/100 以下となるようにし，低濃度区はさらにその 1/10 の濃度とする。
試験期間	28 日間または定常状態に達するまで。
結果の表示	濃縮倍率(SS)＝$\dfrac{定常状態における魚体中濃度}{定常状態における水中濃度}$
	または
	濃縮倍率(k)＝$\dfrac{取込み速度定数(k_1)}{排泄速度定数(k_2)}$

の濃縮性が評価の対象となる。

　本法に定める濃縮性試験の条件を表7-11に示す。

　これらの判定であるが，生分解性（表8-3参照）については28日後の分解度，分解度曲線の形状などを総合的に勘案して評価している。濃縮性については濃縮倍率をもとにしている。判定基準であるが，生分解性については28日後のBODからの分解度が60％以上，濃縮性については濃縮倍率が10^3以下がそれぞれ良分解，低濃縮と判断される。

　なお表7-11中，濃縮倍率はk_1（取込み速度）とk_2（排泄速度）の比としても表されることを示しているが，これは以下のように考えることができるからである。すなわち，化学物質の水中濃度をC_W，魚体中濃度をC_Fとする。

$$\frac{dC_F}{dC_W} = k_1 C_W - k_2 C_F$$

C_W は流水式では一定であるので

$$C_F = \frac{k_1}{k_2}C_W\,(1 - e^{-k_2 t})$$

tは平衡状態まで考えるため∞としてよく，したがって

$$C_F / C_W = \frac{k_1}{k_2}$$

C_F / C_W は濃縮倍率であるので，k_1 と k_2 の比としても求めうることになる（図 7-9 参照）。

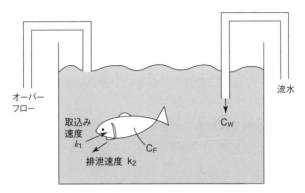

図 7-9　濃縮性試験装置

　なお，本法においてはこれまでに述べてきた魚介類を用いる濃縮性試験以外に n-オクタノール/水間の分配係数（P_{ow}）を用いて濃縮性を評価する方法も取り入れている。これは濃縮倍率（BCF）が P_{ow} と以下のような相関を示すことによる。

$$\log \mathrm{BCF} = a \log P_{ow} + b$$

　a は正の値で最大 1，b はプラスまたはマイナスとなる。現行では非イオン性で，かつ $\log P_{ow}$ が 3.5 未満の物質については，BCF は 100 以下と見なして，実際の濃縮性試験を免除している。

（ⅱ）動植物の生息または成育に支障を及ぼすか否かを明らかにする試験

　製造または輸入数量が 10 t/年を超えた場合，難分解性物質の場合には，人への長期毒性の疑いを明らかにする試験と動植物への毒性の有無を明らかにする試験データの届出が必要である。動植物への毒性の有無については OECD（経済協力開発機構）で推奨している一次レベルの試験の藻類，ミジンコ，魚はそれぞれ食物連鎖上の異なる位置にある。また生態影響の 4 つのエンドポイントである生死，生長，繁殖，挙動について，藻類によるテストで生長への影響を，ミジンコと魚のテストで生死と挙動への影響を調べることができる。なお，繁殖への影響についての知見は今回の 3 種の試験結果からは得られない。

　また，有害性クラスのあてはめであるが，データの質が同じである場合には基本的には上記 3 種の試験結果のうち最も毒性の強く出ている生物種の結果を用いることになる。

（ⅲ）人への長期毒性の疑いを明らかにする試験

　これらには

① ほ乳類を用いる 28 日間の反復投与毒性試験

② 細菌を用いた復帰突然変異試験

③ ほ乳類培養細胞を用いる染色体異常試験

がある。①は慢性毒性のスクリーニング試験として，②および③は発がん性および遺伝毒性のスクリーニング試験として位置づけられている。なお，催奇形性試験については，その予備的な試験法が確立されていないため，現時点では採択されていない。

これらの実際の試験方法および条件については，厚生労働省・経済産業省・環境省の省令を参照されたい。

（ⅳ）人の健康を損なうおそれがあるか否かを明らかにする試験

図 7-4 の第一種，第二種特定化学物質への指定の際の判断に用いられる試験であり，これらには

① 慢性毒性試験

② 生殖能および後生代に及ぼす影響に関する試験

③ 催奇形性試験

④ 変異原性試験

⑤ がん原性試験

⑥ 生体内運命に関する試験

⑦ 薬理学的試験

がある（これらの試験の意味については表 8-2 参照）。

これらの試験方法および条件については先に述べた 3 省の省令を参照されたい。

（ⅴ）高次捕食動物の生息または成育に支障があるか否かを明らかにする試験

図 7-4 の第一種または第二種特定化学物質への指定の際の判断に用いられる試験であり，これらには

① 化学物質のほ乳類の生殖能および後世代に及ぼす影響に関する試験

② 鳥類の繁殖に及ぼす影響に関する試験

がある。これらについても試験の方法および条件については先の 3 省令を参照されたい。

7-3-2　化学物質管理の新しい方向

（1）化学物質管理促進法（PRTR 法）

現在，事業として生産され市場に出回っている化学物質は 5 万種とも，また 10 万種ともいわれている。これらの化学物質の安全性を管理するためには 7-3-1 に述べた「化学物質審査規制法」に見られる規制的手法のみでは十分でない。なぜならば，化学物質は多種多様な性状を有し，また種々の使い方をされている。一方，規制的手法を採用するためには何らかの有害性を示す根拠が必要であり，このためにはかなり高額な動物実験の費用を必要とする。ある物質の慢性毒性を調べるためには，急性毒性，亜急性毒性，亜慢性毒性をへて最後の段階で慢性毒性試験を行うことになる。したがって，無作用レ

ベルを求めるためにはこれらのすべての試験の費用を加算せねばならない。発がん性（がん原性）試験においても同様である。

　例えば安全性試験で慢性毒性であるラットによる 12 か月試験で 4,600 万円，特殊毒性であるラットの発がん性スクリーニング試験（13 週）が 1,100 万円など，それぞれの項目が高額で，法的内容を確認するために数億円以上を必要とする。

　このような状況下に出てきた考え方として化学物質の自主管理制度がある。これは有害性が未知な化学物質に対し事業者が自からの責任で有害性を小さくし，安全な管理をしていこうとするものである。法による規制は法による監視を受ける。違反すれば罰金なり操業停止なりの処分がある。一方，自主管理で大切なことは情報の公開であり，住民や生活者の監視を受けることである。極論すれば情報の公開を伴わない自主管理は意味がないともいえる。

　規制においては，長所として下記の点があげられる。

1）法的な強制力により一定の行為を禁止や制限するための確実な効果が期待できること。

2）経済力の大小や，行政による恣意的な運用などが起きる余地は少ないこと，が期待される。

一方，短所としては，次の点があげられる。

1）施行までに時間とコストがかかること。

2）基準はどうしても低いレベルに設定されがちであること。

自主管理においては，長所として

1）法規制に比べて運用，監視などにかかるコストが低くなること

2）それぞれの企業が対応策として最適な方法を選択できることが期待される。

また，短所としては，次のことがあげられる。

1）拘束力が弱いためただ乗りなどの協力しない企業の出現が考えられる。

（2）　PRTR とは―その背景―

PRTR とは Pollutant Release and Transfer Register（汚染物質排出移動量届出制度）の略である。この考え方は米国の Toxics Release Inventory に見られるように，1980 年代からアメリカやカナダで法制化されていた。国際的には 1992 年にブラジルのリオデジャネイロで開かれた地球サミットで採択されたアジェンダ 21 の第 19 章で PRTR が位置づけられている。これを受け OECD（経済協力開発機構）では 1996 年 3 月に理事会勧告として，OECD の発行したガイダンスマニュアルに示された原則と情報を基礎として，PRTR を導入，実施し，公衆に利用可能なものにするよう加盟国に指示した。

　OECD の定義によると PRTR とは "様々な排出源から排出または移動される潜在的に有害な汚染物質の目録または登録簿" といえる。

　PRTR 対象物質としてリストアップされている 515 物質についての法の流れについて述べる。

　対象としてリストアップされた化学物質を一定量以上製造したり使用したりしている常用雇用者21人以上の事業者は，環境中に排出した量と，廃棄物などとして処理するために事業所の外へ移動させた量を自ら把握し，年に1回国に届けを出す。国は，その届出データを集計するとともに，届出の対象にならない事業所や家庭，自動車などから環境中に排出されている対象化学物質の量を推計し併せて公表する。個別事業所のデータはホームページ上で公表される。

　PRTRは単なる化学物質の排出・移動量のデータであるが，このデータが集計され公表されることによって，事業者自らの排出量の適正な管理に役立つとともに，市民と事業者，行政との対話の共通基盤ともなる。このようにして化学物質の環境リスクの削減などが図られることを期待するものである。そのPRTRデータの流れを図7-10に示した。

　また社会全体で化学物質の安全対策をどう進めるかの事業者，行政，市民の3者の対

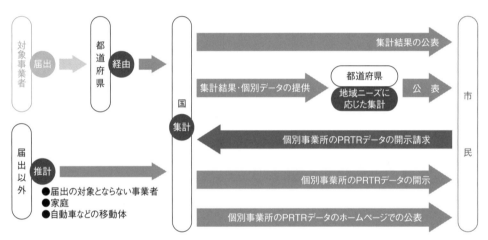

図7-10　PRTRデータのながれ
（環境省資料，「PRTRデータを読み解く市民ガイドブック」より）

話の考え方の基本構造について図7-11に示した。

(3)　PRTRの意義

　化学物質の有害性リスクは曝露と影響の関数として示されるが，PRTRでは曝露を小さくして，すなわち環境放出量を少なくして有害性を小さくするという考え方をとっている。また規制と自主管理という観点からは事業者が自主的に環境放出量をへらすという自主管理，またその排出および移動量の報告を国に義務づけるという規制の2つの要素から成り立つ手法である。また自主管理を促進するため，物質ごとに，排出事業者ごとに環境放出および移動量の公開が用意されている。

　この制度は化学物質の安全管理において画期的な制度である。1970年代が規制による事前審査で安全性確保を開始した年代に対し，1990年代は自主管理という形が法に組み込まれた時代である点である。

　PRTRの有効性について環境省は下記の点をあげている。

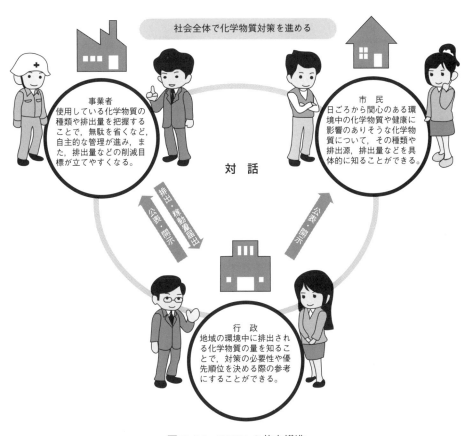

図 7–11 PRTR の基本構造
(環境省資料,「PRTR データを読み解く市民ガイドブック」より)

（ⅰ） 化学物質の発生源の系統的な情報収集が可能

（ⅱ） 環境媒体別の排出量の把握が可能

（ⅲ） 環境中濃度の予測が可能となり，モニタリング結果と合わせて環境汚染実態把握の精度向上

（ⅳ） 未規制物質を含む複数媒体汚染物質や生態系影響物質の管理が可能

（ⅴ） 発生源と環境リスクに関する適切な情報の提供が可能

（ⅵ） 地域レベルでの環境リスクの評価が可能

（ⅶ） 国，地方公共団体における化学物質対策の企画，立案，推進および対策の評価が可能

（ⅷ） 国，地方公共団体，事業者，国民，民間団体の間で情報が共有され，リスクコミュニケーションが促進

（ⅸ） 各事業者が他の事業者との比較において自らの排出，移動量のレベルの把握が可能

（ⅹ） 事業者による効果的なリスク消減対策および自主的取り組みが可能

（ⅺ） 化学物質のリスクに対する国民の理解と国民の消費活動における環境リスク低

　　　減活動が促進

（4）　PRTR 法の法体系

　PRTR 法，正式には「特定化学物質の環境への排出量の把握等及び管理の改善の促進に関する法律」であるが本法の名称に“規制”という言葉がなく“管理の促進”となっていることに注意したい。

　本法は PRTR 制度と SDS 制度（物質安全性データシート）から成り立っている。PRTR 制度は指定された化学物質を一定量以上取り扱う事業者に対し，大気，水，土壌への排出量，廃棄物としての移動量の報告を義務づけるものであり，SDS 制度は業者間の取引にあたっては SDS の交付を義務付けるものである，ここでは PRTR 制度について令和 5 年 4 月 1 日に施行される改正内容について述べる。主な改正点としては

　1）対象とする物質の見直し

　本法では，人の健康を損なう有害性の判断項目として

　ⅰ）人に対する発がん性

　ⅱ）遺伝子に傷害を与える変異原性

　ⅲ）水や食料を通じて継続して体内に摂取した時に生じる経口慢性毒性

　ⅳ）呼吸を通じて体内に取り込んだときに生じる吸入慢性毒性

　ⅴ）子供の誕生や成熟に有害な影響を与える生殖発生毒性

　ⅵ）気管等を刺激しアレルギー様症状を発生させる感作性

　また環境生物への毒性の判断項目としては

　ⅰ）動植物の生育や生息に影響をあたえる生態毒性

　このほか両者に影響を与える毒性としてオゾン層破壊により地上に到達する有害な紫外線増加作用が対象であり，これらの毒性的な観点及び環境内での検出状況（最近 10 年間で一般環境から複数地点で検出，またはそのようになることが見込まれること）から選択されるが，今回の改正により PRTR の対象物質が 354 物質から 515 物質へ，また SDS のみの対象物質が 80 物質から 134 物質に変更された。

　2）対象事業所の見直し

　従来の 23 業種に加えて新たに医療業が追加された。農業や建設業も対象にすべきかの議論もあったが，農薬は別の法律で管理されていること，また建設業は工事期間中のある定められた短い期間のみ，化学物質を排出する産業であるので，対象業種には含ませないことにした。

　3）対象業種の規模

　従来通り 21 人以上とした。この理由として 21 人未満に変更をすると対象事業者数は 100 万件となり，届け出とその処理に要する事業者や行政のコスト増を社会的に負担する意義が小さいことより，現行通りとした。また，取扱量が年間 1 t 未満の事業者からの排出量も全体に対する割合も小さいので現行の基準通りとした。

（5）排　出　量

　環境省と経済産業省は本法にもとづいて届出データを取りまとめ，同時にまた別途推計した届出対象外の排出源からの排出量も併せ公表している。2019（令和元）年度は全国 33,318 事業所からの届出があった。全国の事業者から届出のあった総排出量は 140 千トン，移動量は 244 千トン，合計 387 千トンであった。図 7-12 に示すようにその 63 ％が移動に，33 ％が大気に排出されている。

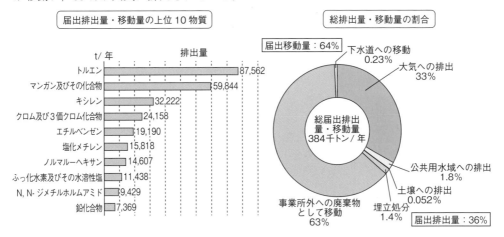

図 7-12　届出排出量が多かった上位 10 物質

7-4　残留性有機汚染物質に関するストックホルム条約（POPs 条約）

　環境中での残留性，生体濃縮性，毒性が強く，長距離移動性が懸念される PCB，DDT，ダイオキシン類などの有害化学物質については，イヌイットの人々，アザラシ，鯨などへの蓄積が認められており，これらの地球規模での環境汚染の実態から国際的な枠組みでの取り組みが求められ，1992 年 6 月の地球サミットのアジェンダ 21 でその重要性が指摘されてきた。これを受け，1997 年 2 月 UNEP（国連環境計画）＊で条約化が決定され，2001 年 5 月ストックホルムにおいて条約が採択された。

　本条約は，下記に示す POPs 性状を持つ化学物質を対象に製造・使用の禁止，貿易の禁止・制限，排出の削減を実施することにより地球環境汚染の防止に関してきわめて大きな役割を果たすものであり，有害化学物質の適切な管理を進める上でも重要な条約である。わが国は 2002 年 8 月，この条約に加盟している。本条約は 50 カ国が加盟した 90 日後に発効することになっており，2004 年 2 月にフランスが 50 カ国目の加盟国となり，2004 年 5 月で 59 カ国が締結し 2004 年に POPs 条約は発効した。

　なお，POPs（Persistent Organic Pollutants；残留性有機汚染物質）とは

（ⅰ）　環境中で分解しにくい（難分解性）

（ⅱ）　食物連鎖などで生物の体内に濃縮しやすい（高蓄積性）

＊　United Nations Environment Program の略。
　　国連の専門機関の 1 つで，環境の監視，保護などを行うため 1972 年に設置。本部はケニアのナイロビ。

（ⅲ）　長距離を移動して，極地などに蓄積しやすい（長距離移動性）

（ⅳ）　人の健康や生態系に対し有害性がある（毒性）

のような性質を持つ化学物質である。表7-12に2015年9月現在のPOPsを示す。

表7-12　POPs条約対象物質

（2019年5月現在）

廃絶	アルドリン	ヘキサクロロブタジエン
	アルファーヘキサクロロシクロヘキサン	リンデン
	ベーターヘキサクロロシクロヘキサン	マイレックス
	クロルデン	ペンタクロロベンゼン
	クロルデコン	ペンタクロロフェノール,その塩及びエステル類
	デカブロモジフェニルエーテル	ポリ塩化ビフェニル（PCB）
	ディルドリン	ポリ塩化ナフタレン（塩素数2〜8のものを含む）
	エンドリン	短鎖塩素化パラフィン（SCCP）
	ヘプタクロル	エンドスルファン
	ヘキサブロモビフェニル	テトラブロモジフェニルエーテル
	ヘキサブロモシクロドデカン	ペンタブロモジフェニルエーテル
	ヘキサブロモジフェニルエーテル	トキサフェン
	ヘプタブロモジフェニルエーテル	ジコホル
	ヘキサクロロベンゼン	ペルフルオロオクタン酸（PFOA）とその塩及び PFOA関連物質
制限	1,1,1-トリクロロ-2,2-ビス（4-クロロフェニル）エタン（DDT）	
	ペルフルロオクタンスルホン酸(PFOS)とその塩,ペルフルオロオクタンスルホニルフオリド(PFOSF)（PFOSFについては半導体用や写真フィルム用途等における製造・使用等の禁止の除外を規定）	
非意図的生成物	ヘキサクロロベンゼン（HCB）	ポリ塩化ジベンゾ-パラ-ジオキシン（PCDD）
	ヘキサクロロブタジエン	ポリ塩化ジベンゾフラン（PCFD）
	ペンタクロロベンゼン（PeCB）	ポリ塩素化ナフタレン（塩素数2〜8のものを含む）
	ポリ塩化ビフェニル（PCB）	

　なお，2021年1月に開催された第16回「残留性有機汚染物質検討委員会」（POPRC16）では，テグロランプラス並びにそのsyn-異性体及びanti-異性体についてリスクプロファイル案を審議しデクロランプラス並びのそのsyn-異性体及びanti-異性体について，現状の情報では重大な悪影響をもたらす恐れがあると結論づけることに合意が得られなかったため，次回会合（POPRC17）において議論を継続することとなった。

　またメトキシクロルについてもリスクプロファイル案を審議し，残留性，濃縮性，長距離移動性及び毒性等を検討した結果，メトキシクロルが重大な悪影響をもたらす恐れがあるとの結論に達し，次回会合（POPRC17）においてリスク管理に関する評価を検討する段階に進めることが決定した。

　このほかUV-328については提案国から提出された提案書について，残留性，濃縮性，長距離移動性及び毒性等を審議した結果，UV-328がスクリーニング基準を満たすとの結論に達し，次回会合（POPRC17）に向けてリスクプロファイル案を作成する段階に進めることが決定した。

　なお，PFOSは化学物質審査規制法上，第1種特定化学物質であるが，POPs条約との整合性を図り下記の3種の用途にかぎり使用が認められている。

　1）エッチング剤

　2）半導体用のレジスト製造

　3）業務用写真フィルムの製造

8
化学物質のリスク評価

　risk とは危険という意味ではなく，危険に遭遇する可能性を示す言葉である。語源的にはイタリア語で"勇気を持って試みる"との意味がある。さて我々は現代社会の中で様々なリスクの中に生きている。

8-1　化学物質のリスク評価とは

　化学物質のリスクには，人の健康や環境生物への有害性などのほかに爆発，引火などの危険性に関係するリスクがある。本稿では前者の有害性に関するリスク評価について述べることにする。

　化学物質のリスクを評価するためには，まず化学物質の有害性の確認（Hazard Identification）と評価（Hazard Assessment）および用量–反応性の評価（Dose-response Assessment）をもとに曝露評価（Exposure Assessment）を，次いでリスク評価（Risk Assessment）を行った上でリスク管理（Risk Management）を行う。この関係を図8-1に示した。

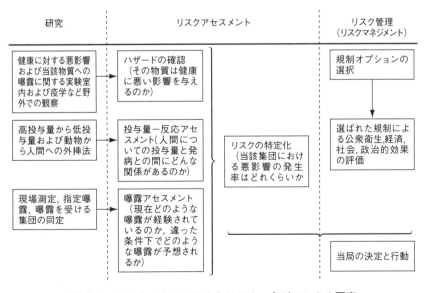

図8-1　リスクアセスメントとリスクマネジメントの要素

　化学物質のリスクは有害性（ハザード）と曝露の関数として示されるが，有害性の確認は試験管内（*in vitro*）試験や，動物実験（*in vivo*）曝露による健康影響の疫学的調査データなどから行う。

　化学物質の摂取と人体への影響の関係，いわゆる用量と反応の関係（Dose-response）は一般的には図8–2のように示される。この図は特にリスク評価のみに使われるものではなく，化学物質の曝露影響や薬物投与の影響などを見る時の概念図である。したがって横軸の摂取量（用量）と縦軸の健康への影響（反応）の関係（Dose-response relationship）が直線的になるケース，上の方に，あるいは下側にカーブするケースもある。化学物質を動物に与えても毒性の影響作用が出てこない量を無毒性量（NOAEL : no observable adverse effect level）とよぶ。

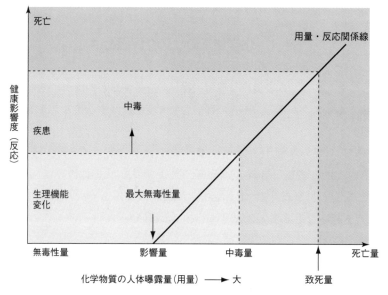

図8–2　化学物質の人体摂取量と人体の影響の関係
（『PRTRとリスクコミュニケーション』，エヌ・ティー・エス（2000））

　しかし，シックハウス症候群に代表される化学物質過敏症などは最大無毒性量以下の濃度でも頭痛，めまい，吐き気，倦怠感などが起こるケースが多い。

　次に曝露アセスメントであるが，当該物質に曝露される集団の構成と大きさを明らかにすることである。

　これらをもとにリスク評価が行われ，得られたリスクレベルに対し，必要に応じリスクレベルを下げるための行動がとられるわけである。

　　in vitro と *in vivo*

　　in vitro とは試験管内でまたは体外でという形容的，副詞。例えば体外受精は *in vitro* fertilization という。いっぽう，*in vivo* とは生体内での生物的な変化や実験をいう。

具体的な手順については8-2で述べることにする。

8-2　リスク評価に必要な情報

　ここでは合成洗剤として最も多用されている LAS（直鎖アルキルベンゼンスルホン酸ナトリウム）を対象として考えることにする。LAS は洗浄力が強く，値段も安いということもあり，衣料用洗剤として，また一部台所用洗浄剤としても用いられている。まず，これらの洗浄剤としての使用状況から必要なハザードデータ，そして曝露データをリストアップしよう。表8-1にそれらを整理して示す。以下，表8-1中の毒性データの意味およびその表示方法について表8-2に，また曝露データの意味およびその表示方法を表8-3に示す。

　なお，動物実験に用いられる動物はラットが一般的であり，必要に応じてイヌ，サルなどが用いられる。

表8-1　衣料および台所用洗剤のリスク評価使用項目

データの種類	ケース	摂取または曝露の形態	必要な毒性または曝露データ
ハザードデータ	使用時	誤飲による摂取	急性毒性
		皮膚接触	経皮ルートでの慢性毒性，皮膚刺激性
	残留時	食器，野菜，果物からの摂取	経口ルートでの慢性毒性，発がん性，繁殖毒性など変異原性
		衣料	経皮ルートでの慢性毒性，皮膚刺激性
	廃棄時	環境生物への毒性	急性毒性，慢性毒性，繁殖毒性
曝露データ	使用時	皮膚接触	皮膚からの吸収量
	残留時	食器，野菜，果物	残留量とヒトの吸収量
		衣料	残留量とヒトの吸収量
	廃棄時	下水道へ排出　直接河川へ排出	環境中濃度　雨量，河川流量，環境放出量，魚介類への濃縮性　下水処理場または河川中での生分解性

表 8-2　毒性データの意味とその表示法

毒性の分類	毒性の意味と試験の方法	試験結果の表示方法と意味
急性毒性	誤って飲み込んだりした時を想定。 化学物質を一度に多量に体内に取込んだ時に現れる健康障害。 このあとに行われる長期毒性試験に先立って行われる。 投与ルートは曝露ルートを考え，経口，経皮，吸入がある。 このデータは毒物・劇物取締法での物質の分類（毒物，劇物，普通物）にも用いられる。	・LD-50(mg/kg・体重) 　半数致死量で，試験に用いた動物の半数を死なせる量，動物の体重1kg当りのmgで示す。 ・LC-50（mg/L） 　半数致死濃度で試験に用いた動物の半数を死なせる濃度。
慢性毒性	通常の使用状況を想定。 微量の化学物質を長期，通常は生涯にわたり摂取した時に現れる健康障害をみる。 投与ルートは経口，経皮，吸入があるが，経口ルートが一般的。 組織病理学，血液学，血液生化学データなどをもとに餌のみを投与した対照群と比較して統計的に有意でない投与量を求める。	・NOAEL(mg/kg・体重・日) 　無毒性量を意味し，動物の体重1kg当り，1日当りの量で示す。
発がん性 （がん原性）	化学物質が試験動物に対して発がん性を有するか否かを調べる。 発がんの判定は対照群と比較して，腫瘍の発生率の増大，発生の時期の短縮，異なる腫瘍の発生から行う。 動物で発がん性が認められたら基本的には人に対しても発がん性があると考えるべきである。	・発がん性の有無 ・ユニットリスク 　空気中または飲料水中の化学物質の濃度がそれぞれ1mg/m^3，1μg/Lのときの生涯発がん危険率として示す。
繁殖毒性 （催奇形性）	化学物質が動物の発生に及ぼす影響を調べる。化学物質をオス，メス，どちらに投与するか，またメスに投与する場合，妊娠後何日目に行うかなど種々の行ない方がある。このうち，とくに胎児に引き起こされる形態的異常の有無を調べるのが催奇形性であり，胎児の器官形成期（ラットでは妊娠後7〜17日）にメスに投与する。	生殖能の変化 胎児の奇形の発生の有無
皮膚刺激性	局所刺激性の1つで，皮膚への刺激性を調べる。 白色ウサギの背部体毛を剃毛し，そこに化学物質を塗布しパッチを当てて固定。24時間後にパッチを取り除き，その直後と72時間後に観察。	刺激性の強さは発赤，痂皮形成および浮腫について，その程度に応じ0〜4のスコアを与え，これらの合計点とする。
変異原性	化学物質の遺伝毒性，がん原性の予測のために行われる。 ここでは遺伝子突然変異誘発性をみる細菌（サルモネラ菌，大腸菌）を用いる復帰突然変異試験と染色体異常誘発性をみる染色体異常試験がある。 このほかにもDNA損傷性をみる方法などがある。	出現するコロニー数または染色体異常を示す細胞数。 いずれもその作用に再現性あるいは用量依存性が認められた場合に陽性と判定。

表 8–3　曝露に関するデータの意味とその表示法

曝露に関する項目	その意味	試験結果の表示法
生分解性	生分解とは biodegradation の訳で微生物による化学物質の分解を意味する。 好気的条件，または嫌気的条件下での分解性があるが，通常は好気下で行う。 生分解性が良好であることは環境曝露を小さくする。	分解度（%） $$= \frac{供試化学物質量 - 残存化学物質量}{供試化学物質量} \times 100$$ 指標としてはこのほかに 生物化学的酸素要求量（BOD）， 残存有機炭素（DOC） などが用いられる。
濃縮性	生物濃縮は主として水生生物が外界より化学物質を体内に取り込み，化学物質の生体中濃度が高くなることをいう。 化学物質が直接，水中から生物体内に入る濃縮性のほかに，食物連鎖を通しての濃縮性が自然界では存在するが，試験法としては前者の方法により行なっている。	濃縮倍率（SS） $$= \frac{生体中の化学物質濃度}{水中の化学物質濃度}$$ 濃縮倍率（k） $$= \frac{取り込み速度}{排泄速度}$$

8–3　リスク評価の実際

　ここでは LAS のデータを例としてリスク評価を行ってみる。リスク評価に必要なデータを表 8–4 に示す。なお LAS は混合物であり，厳密には試験に用いた LAS の組成がそれぞれ異なっているが今回はこの点については無視してデータを集めた。

　なお催奇形性については，1977 年三上らがマウスおよびラットへの経皮投与実験で催奇形性ありとの結果を得，報告している。その後種々の追試が行われたが，催奇形性は認められていない。また 1973 年から 1976 年にわが国の厚生省（当時）が組織して行った「LAS の催奇形性に関する合同研究」は，参加した 4 大学のうち京大，広大，名古屋大で三重大と同一の条件で実験を行ったが，三重大を除き催奇形性は認められなかった。また，1981 年の文部省（当時）環境科学特別研究においても洗剤の目的としての通常使用では問題がないと結論されているため，本稿でも催奇形性なしの判断をとることにした。

LAS と ABS

　LAS とは Linear Alkyl benzene Sulfonate の略でアルキル基（C_{12} を主）が直鎖状であり，生分解性が良好。

　ABS とは Alkyl Benzene Sulfonate の略でアルキル基が枝分かれしており，したがって生分解性が悪く河川水表面での泡が風で飛び散るなどの問題があった。

表8-4　LAS のリスク評価に用いた毒性データ

毒性等の項目	データ（条件）
急性毒性	LD-50　640〜2,500 mg/kg（経口，ラット）
慢性毒性	・NOEL　300mg/kg·日以上（経口，ラット，2 年　飼料中 0.5 ％） ・0.125 mL/匹，週 3 回投与　24 か月の条件で投与部位の皮膚病変を除き異常なし
発がん性	陰性（ラット） 　条件 1. 0.01 ％飲水投与　100 週間 　　　 2. 0.5 ％混餌投与　2 年間
催奇形性	経口，マウスに対する 300 mg/kg·日以上の投与で母体体重増加抑制，妊娠率低下，催奇形性はなし。
変異原性	・細菌を用いる復帰突然変異試験 　陰性 ・哺乳動物細胞を用いる染色体異常試験 　50 μg/L では細胞毒性は生じたが，染色体異常誘発能は陰性
皮膚刺激性	0.05 ％および 0.2 ％水溶液を繰返しパッチテストした結果，軽度から中程度の刺激性あり。
水生生物への毒性	・NOEL（NOEC） 　① オオミジンコ　　0.107 mg/L（21 日） 　② ア　ユ　　0.251 mg/L（28 日） ・EC-50（生長阻害） 　① 藻類　　120 mg/L ・LC-50（96 hr） 　① コ　イ　　4.4 mg/L 　② ヒメダカ　4.0 mg/L 　③ ブルーギル　　4.0 mg/L 　④ ファットヘッドミノー　　4.2 mg/L 　⑤ タ　ラ　　1.0〜1.6 mg/L 　⑥ ヒラメ　　1.0〜5.0 mg/L
水　稲	7.5 mg/L　　生育阻害

（1）　LAS のヒトの健康への影響

　発がん性，催奇形性，変異原性は認められない。慢性毒性であるが，まず曝露量として表 8-5 の人体摂取量の最大値 14.546 mg，体重 1 kg 当り 0.291 mg を用いることにする。一方，毒性値は表 8-4 より NOEL として 300 mg/kg·日以上である。NOEL を 300 mg/kg·日とし，次に ADI（1 日許容摂取量）を求める。通常，ヒトと実験動物の種差を 10 倍，人間の間の個体差を 10 倍とし，ADI は NOEL の 1/100 と考える。そうすると，この場合の ADI は 3 mg/kg·日となる。

　そこで，3 ÷ 0.291 ≒ 10，となる。したがって，10 倍の安全幅が得られることになる。このように LAS のヒトへの問題は皮膚刺激性であるといえる。これは LAS 使用による日常の手荒れなどからもうなづけるところである。手袋をするなり，湯温を低くするな

どの手段をとる必要がある。

(2) LAS の環境生物への影響

河川水中の濃度をどう考えるかにより評価は大きく異なる。表 8-5 の公共用水域（淡水）での平均値のデータ 4.6 μg/L をもとに計算すると，オオミジンコの NOEL では安全幅（NOEL/水中濃度）は 25，アユでは 55 である。基本的には安全幅は 10 倍あれば十分と考えているので，LAS は環境生物にとって有害とまではいかない。表 8-4 の NOEL や LC-50 値は一種類の生物のみでの，実験室的に得られた値である。したがって環境中での無作用濃度は NOEL をさらに 10 で除して，LC-50 値の時は，1,000 ～ 10,000 で除して求める。

この考え方をとると，環境中濃度を 4.6 μg/L としたとき，オオミジンコの環境中無作

表 8-5 LAS のリスク評価に用いた曝露データ

生分解性	・OECD 易分解性テスト条件下では易分解性 ・自然の水環境中 　半減期は 21 ～ 31 時間
生物濃縮性	濃縮倍率　100 ～ 300 （^{14}C のデータゆえ代謝物も分析値に加わっている）

人体摂取量

研 究 者	東京都衛生局 (1973)		大阪府衛生部 (1977)		池田ら(国立衛生試験所)(1965)		
	1 日の摂取量	1 日 LAS 摂 取 量	1 日の摂取量	1 日 LAS 摂 取 量	界面活性剤 (ABS)の残留量	大人 1 日の 摂 取 量	1 日の ABS 摂 取 量
野　　菜	270 g	10.8 mg	425 g	0.9102 ～2.639 mg	2～25ppm	220 g	(多めに30 ppmとして) 6.6mg
果物・イモ類	150 g	3.0 mg			2ppm	200g	0.4mg
食 器 類	1 日 30 枚使用 （1 枚 0.01mg）	0.3 mg	1 日 30 枚使用	0～6.342 mg	茶わん 10 個，皿 50 枚使うとして		(0.01～0.03mg 多めにみて0.03mg)
水	2 L	0.4 mg	2 L	0.01～0.12 mg	──	──	
皮膚から	0.3 % ABS 溶液に，両手指を 48 時間接触しておいたときに相当する量（科学技術庁報告引用）	0.046 mg	0.3 % ABS 溶液に，両手指を 48 時間接触しておいたときに相当する量（科学技術庁報告引用）	0.046mg	0.3 % ABS 溶液に，両手指を 48 時間接触しておいたときに相当する量（科学技術庁報告引用）		0.046mg
合 　 計	大人 1 人当たり	14.546mg	大人 1 人当たり	9.1mg	大人 1 人当たり		7.076mg
人体推定 最　大 摂 取 量	体重 1kg 当たり （大人の体重を 50kg として）	0.291 mg	体重 1 kg 当たり （大人の体重を 50kg として）	0.18mg	体重 1kg 当たり （大人の体重を 50kg として）		0.14mg

（『生活科学シリーズ　5，安全性と環境』，ライオン家庭科学研究所より引用）

環境水中濃度	公共用水域（淡水） 4.6μg/L 程度（2000）

用濃度は $10.7\,\mu$g/L となり，安全幅は 2 程度となる。ミジンコは魚の餌でもあり，ミジンコの減少が魚類の減少につながる恐れがある。

　安全幅を 10 に近づける対策としては LAS の使用量の削減，下水処理の徹底などがある。なお，LAS およびその塩の水生生物への環境基準は対象生物により若干異なるが，河川および湖沼の場合 $20\,\mu$g/L から $50\,\mu$g/L とされている。

■ 参考文献

1）平石次郎ほか訳，『化学物質総合安全管理のためのリスクアセスメントハンドブック』，丸善（1998）.

2）国立医薬品食品衛生研究所編，『化学物質のリスクアセスメント―現状と問題点』薬業時報社（1997）.

3）伊藤隆志，『化学物質のリスク管理』，化学工業日報社（2000）.

9
ダイオキシン類

　ダイオキシン類は，工業的に製造する物質ではなく，ものの焼却過程で自然に生成，また有機塩素化合物などの合成過程で非意図的に副生されてしまったものである。塩素系プラスチックや塩素化合物の入ったもののゴミの焼却，紙や繊維の塩素系化合物による漂白，金属精錬，有機塩素系農薬の製造工程からの副生などがあった。しかし，現在はダイオキシン類発生防止の法規制や製造工程の改善などのよって環境中に大きく拡散される状況は無くなった。

　しかし，ダイオキシン類は，過去の事例とは言え曝露による健康被害が大きいこと，法規制以前のゴミ焼却場や塩素系農薬の使用により，難分解性であるため，健康に影響を及ぼさない濃度ではあるものの今なお環境中に残存している地域もあり，環境調査によって散見されている。

9-1　ダイオキシン類とは

　1999年（平成11年）7月16日に公布された「ダイオキシン類対策特別措置法」で図9-1に示されるポリ塩化ジベンゾ–パラ–ジオキシン（PCDD：polychlorinated dibenzo -p-dioxin），ポリ塩化ジベンゾフラン（PCDF：polychlorinated dibenzo furans）およびコプラナPCB（Co-PCB：coplanar polychlorinated biphenyl）がダイオキシン類と定義された。

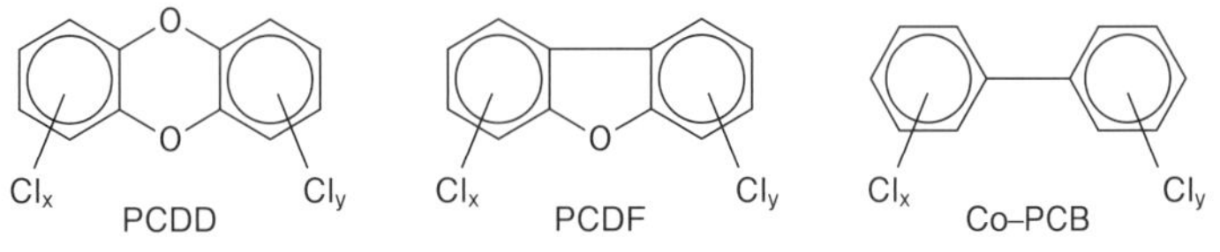

図9-1　ダイオキシン類の構造図

9-2　ダイオキシン類の毒性の強さ

PCBsの中でベンゼン環が同一平面上にあって扁平な構造を有するものをコプラナー

PCB という。ダイオキシン類の PCDD には 75 種の，PCDF には 135 種，コプラナー PCB には 14 種の異性体があり，それぞれの毒性の強さが異なる。PCDD のうち 2，3，7，8 の位置に塩素が付いた 2,3,7,8–TeCDD（図 9–2 に化学構造を示す）が最も毒性が強い。この最も毒性の強い 2,3,7,8–TeCDD の毒性を 1 として他のダイオキシン類の毒性の強さを相対的に表しものを毒性等価係数（TEF ： Toxic Equivalency Factor）という。この毒性等価係数を用いて，他のダイオキシンを最も強い毒性に換算するもので毒性等量（TEQ ： Toxicity Equivalency Quantity）で表す。通常単位は pg-TEQ と表す。例えば水は 1 pg-TEQ/L，食物，動物，底質は 1 pg-TEQ/g，空気は 1 pg-TEQ/m^3 で表す。

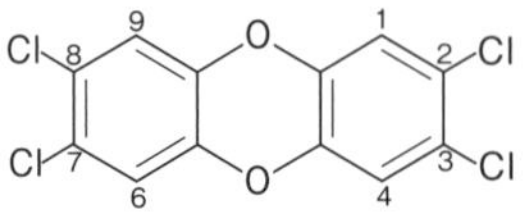

図 9–2　2,3,7,8-TeCDD（2,3,7,8-四塩化ジベンゾ-*p*-ジオキシン）の化学構造

ダイオキシンなど微量化学物質で使われる重量と濃度の単位

重さ	g	（グラム）	
	mg	（ミリグラム）	1000 分の 1g	10^{-3} g
	μg	（マイクログラム）	100 万分の 1g	10^{-6} g
	ng	（ナノグラム）	10 億分の 1g	10^{-9} g
	pg	（ピコグラム）	1 兆分の 1g	10^{-12} g
	fg	（フェムトグラム）	1000 兆分の 1g	10^{-15} g
濃度	%	(percent)	100 分率
	ppm	(parts per million)	100 万分の 1
	ppb	(parts per billion)	10 億分の 1
	ppt	(parts per trillion)	1 兆分の 1
	ppq	(parts per quardrillion)	1000 兆分の 1

＊ 1 pg は水で満たされた東京ドームに相当する入れ物に角砂糖 1 個（1 g）を溶かした場合，その水 1 mL に含まれる砂糖が 1 pg（ピコグラム）である。

9–3　ダイオキシン類の発生源

　先にも述べたように都市ゴミの焼却，製鋼用電気炉，製鋼業焼結施設，産業廃棄物処理施設，農薬の製造における副生成による不純物としての含有，製紙工場での漂白などが主な発生源であった。日本においては厳しい法的規制措置によって，現在はダイオキシン類の発生源とされる施設などはなく環境中から高濃度で検出されることは少ない。

　ダイオキシン類が検出されるケースとしてはかつて使われた DDT や BHC などの殺虫剤，除草剤の PCP（ペンタクロロフェノール）と CNP（クロロニトロフェン）などに副生不純物として含まれ農薬として環境中に拡散され，難分解性であるため現在も残存していることに起因するものが多い。GC–MS（ガスクロマトグラフー質量分析計）によっ

て PCP によって汚染された水田土壌からはオクタクロロジベンゾジオキシン（OCDD）が，CNP に汚染されていると疑われる水田土壌からは TeCDD の 1,3,6,8–テトラクロロジベンゾジオキシンおよび 1,3,7,9–テトラクロロジベンゾジオキシン等が特徴的に顕著にクロマトグラムに検出される。もちろんゴミ焼却に由来するものも複合して汚染されているケースもある。

表 9–1　毒性等価係数（TEF）

	化合物の名称等	WHO-2006 TEF
PCDDs	2.3.7.8-TCDD	1
	1,2,3,7,8-PeCDD	1
（ポリ塩化ジベンソ-	1,2,3,4,7,8-HxCDD	0.1
パラ-ジオキシン）	1,2,3,6,7,8-HxCDD	0.1
	1,2,3,7,8,9-HxCDD	0.1
	1,2,3,4,6,7,8-HpCDD	0.01
	OCDD	0.0003
PCDFs	2,3,7,8-TCDF	0.1
	1,2,3,7,8-PeCDF	0.03
（ポリ塩化	2,3,4,7,8-PeCDF	0.3
ジベンソフラン）	1,2,3,4,7,8-HxCDF	0.1
	1,2,3,6,7,8-HxCDF	0.1
	1,2,3,7,8,9-HxCDF	0.1
	2,3,4,6,7,8-HxCDF	0.1
	1,2,3,4,6,7,8-HpCDF	0.01
	1,2,3,4,7,8,9-HpCD	0.01
	OCDF	0.0003
Co-PCBs non-ortho	3,3',4,4'-TeCB(#77)	0.0001
（コプラナーポリ塩化	3,4,4',5-TeCB(#81)	0.0003
ビフェニル）	3,3',4,4',5-PeCB(#126)	0.1
	3,3',4,4',5,5'-HxCB(#1697)	0.03
mono-ortho	2,3,4,4',5-PeCB(#105)	0.00003
	2,3,4,4'-PeCB(#114)	0.00003
	2,3',4,4',5-PeCB(#118)	0.00003
	2',3,4,4',5-PeCB(#123)	0.00003
	2,3,3',4,4',5-HxCB(#156)	0.00003
	2,3,3',4,4',5'-HxCB(#157)	0.00003
	2,3',4,4',5,5'-HxCB(#167)	0.00003
	2,3,3',4,4',5,5'-HpCB(#189)	0.00003

＊　TEF は網掛け部分が 2003 年に WHO により改正された。

9–4　ダイオキシン類の健康への影響

ダイオキシン類は「最強の猛毒」と，一般によばれているが，最も毒性の強い 2,3,7,8-TeCDD はラットやマウスでの急性毒性は半数致死量 LD_{50} で 0.6 µg/kg であり，その毒性は青酸カリの 1 万倍，フグ毒の 10 倍ではあるが，現実的そのような濃度のダイオキシ

ンに曝露されることは通常考えにくい。またダイオキシン類自体の発がん性は比較的弱く，遺伝子に直接作用して発がんを引き起こすのではなく，他の発がん物質による遺伝子への直接作用を受けた細胞のがん化を促進するプロモーション作用があるとされている。しかし，現在わが国の通常の環境濃度レベルのダイオキシン類によって，がんになるリスクはほとんどないと考えられている。また動物実験によるその他の影響として甲状腺機能の低下，生殖器官の重量や精子形成の減少，免疫機能の低下を引き起こすとの報告もあるが，人に対しても同様なリスクがあるのかはよくわかっていない。

　ダイオキシン類の耐容1日摂取量*1（TDI）*2はダイオキシン類対策特別措置法では4pg-TEQ/kg体重/日と定められているが，日本人の一般的な食生活で取り込まれるダイオキシン類の量は平成30年度の調査では0.51pg-TEQ/kg体重と推定されている。呼吸からの取り込み量を入れても健康には影響ないと言える（図9-3参照）。

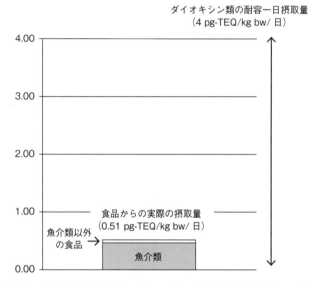

図9-3　わが国におけるダイオキシン類の1人1日摂取量（体重1kgあたりに換算）

9-5　ダイオキシン類対策特別措置法

　平成11年3月にダイオキシン類対策関係閣僚会議によりダイオキシン対策推進基本指針が決定され，平成11年7月には議員立法により大気，水質（底質を含む）および土壌の環境基準や，排出ガスおよび排出水の排出基準並びに汚染土壌に関係する措置等を定めたダイオキシン類対策特別措置法が成立し，平成12年1月15日，ダイオキシン類に

＊1　耐容1日摂取量（TDI）の考え方：最も感受性の高い胎児期の暴露の影響を考慮した上で，生涯にわたって摂取し続けた場合の健康影響を指標とした値である。

＊2　TDI（Tolerable Daily Intake：耐容1日摂取量），ダイオキシン類など本来混入することが望ましくない物質が非意図的に摂取される場合に用いられる。食品添加物などその利便性のために意図的に使用した場合はADI（Acceptable Daily Intake：1日許容摂取量）が用いられる。

特化した法律が施行された。

　ダイオキシン類対策特別措置法は，ダイオキシン類が人の生命および健康に重大な影響を与えるおそれがある物質であることを考慮して，ダイオキシン類による環境の汚染防止およびその除去等をするため，ダイオキシン類に関する施策の基本とすべき基準を定めるとともに，必要な規制，汚染土壌に係る措置を定めることにより，国民の健康の保護を図ることを目的する法律である。その内容として 9-4 で述べた耐容 1 日摂取量（TDI）の設定，表 9-2 に示される環境基準の設定および特定施設からの排出規制が定められている。

　環境基準では人の健康を保護する上で維持されることが望ましい基準として，ダイオキシン類による大気の汚染，水質の汚濁，水底の底質の汚染および土壌汚染に定められている。

　汚染土壌に係る措置として都道府県知事は，ダイオキシン類による土壌の汚染の状況が土壌の汚染に関する基準を満たさない地域であって，当該地域内の土壌のダイオキシン類による汚染の除去等の必要性があるものとして政令で定める要件に該当するものをダイオキシン類土壌汚染対策地域として指定することができる。

表 9-2　ダイオキシン類の環境基準

媒体	基準値	備考
大気	0.6 pg-TEQ/m³ 以下*1（年間平均値）	工業専用地域，車道その他一般公衆が通常生活していない地域または場所については適用しない。
水質	1 pg-TEQ/L 以下*2（年間平均値）	公共用水域および地下水について適用する。
土壌	1,000 pg-TEQ/g 以下*3	廃棄物の埋め立て地その他の場所であって，外部から適切に区別されている施設に係る土壌については適用しない。環境基準が達成されている場合であっても，250 pg-TEQ/g 以上の場合には，必要な調査を実施することとする。
底質	150 pg-TEQ/g 以下*4	公共用水域について適用する。

【備考】
＊1　0.6 pg/m³ とは，大気 1 m³ に 0.6 pg（1 pg は 1 兆分の 1 グラム）含まれていることを表している。
＊2　1 pg/L とは，水 1 L に 1pg 含まれていることを表している。
＊3　1,000 pg/g とは，土 1 g に 1,000 pg 含まれていることを表している。
＊4　150 pg/g とは，底質 1 g（乾重量）に 150 pg 含まれていることを表している。

　また特定施設では，廃棄物焼却炉，製鋼用電気炉などの排出ガスおよびクラフトパルプ，サルファイトパルプやクロロベンゼン製造施設の水洗施設などの排出水については厳しい規制基準が定められている。

10
地球危機と生命—地球温暖化

　地球温暖化問題は21世紀における人類の最大の環境問題である。1997年に京都議定書が署名され，環境革命幕開けの年となった。人類の歴史はこれまで物質生産，エネルギー使用の右肩上がりであったが，それを京都議定書は否定した。

　世界の年平均気温は，1891年の統計開始以降の結果を図10-1に示したように，長期的には100年あたり約0.73℃の割合で上昇している。地球温暖化問題は待ったなしの状況であるが，これを克服するための世界の動きは米国の経済利益などの国内事情や発展途上国のそれぞれの事情などで，大きな進展が見られていない。

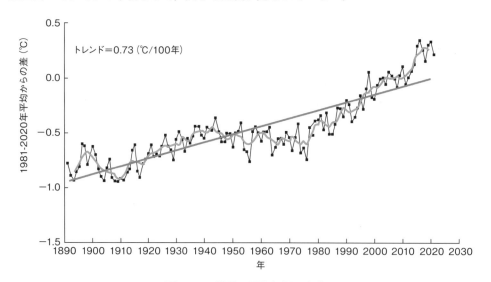

図10-1　世界の平均気温の変化
(気象庁資料)

10-1　地球温暖化 (global warming) とは

　現在の地球の平均気温は約15℃である。この気温は地球が太陽から受けている日射エネルギーによる加熱と地球が宇宙に向けて出す赤外線放出（熱放射エネルギー）とのバランスから決まる。地球が平均気温15℃で保たれているのは大気中に存在する水蒸気，二酸化炭素（CO_2），メタン（CH_4），オゾン（O_3），一酸化二窒素（N_2O）などの赤外線を

吸収する温室効果ガスによる保温効果のためである。もし温室効果ガスがなければ地球の平均気温は氷点下 18 ℃ の極寒の世界になってしまい，人間も，いろいろの生物も生きることを維持するのは困難であろう。

　温室効果のメカニズムを図 10-2 に示したが，地球上に降り注ぐ太陽からの日射エネルギーの約 31 ％ は大気中のエアロゾルや雲，積雪，砂漠などによって反射し，短波放射として宇宙に戻り，20 ％ は大気で直接吸収され，大気を加熱し，残りの約 49 ％ が地表面で吸収され，地表面は暖められる。地表面から暖められた温度に応じた赤外線（熱放射エネルギー）が放出され，一部は宇宙に向けて再び放射され，一部は温室効果ガスに吸収され，再び下方に熱として放射される。したがって温室効果ガスの濃度が高くなると，吸収される赤外線量が多くなり，地表への再放射熱量が高くなり，温暖化が加速される。

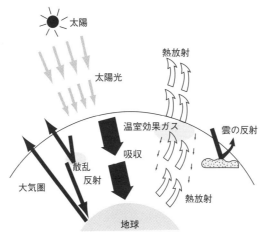

図 10-2　温暖化メカニズム
(北野　大，及川紀久雄，『人間・環境・地球（第 3 版）』，共立出版（2002））

10-2　地球温暖化の影響

　地球温暖化の影響は人類，生態系の様々な部分に及ぶことが予想されている。現在でもその影響の予兆が至るところで見られている。

（1）　氷河融解，棚氷の崩壊

　図 10-3 は 1978 年と 1998 年に撮影した，同じ場所の氷河の状態を示したものである。山岳の氷河が 20 年間で大幅に後退している。山岳の氷河の後退や前進は，かつては数百年，数千年という非常に長い期間の変化であったが，近年は 20 年で大幅に後退しているというのが特徴である。また南極では，棚氷の崩壊が観測されている。棚氷の崩壊によって，その溶けた分による海面水位上昇や，大陸の沈んでいた部分が浮き上がることで海水を押しのけ，海面水位上昇が生じる。

1978 年　　　　　　1998 年

図 10–3　ヒマラヤの氷河の融解
（名古屋大学環境学研究科・雪氷圏変動研究室）

（2）　海面水位上昇

サンゴ礁でできた標高の低い島々は，海面水位上昇という災難に遭おうとしている。

世界平均海面水位は，1900 年から 2000 年の 100 年間で 15 cm 程度の上昇が見られる。1993 年から 2003 年にかけての海面水位の上昇率のうち，海水の熱膨張によるものが最も大きく 1.6 mm/年で，氷河や氷床の質量減少による寄与を合わせると 2.8 mm/年となる。

インド洋に浮かぶモルジブ諸島は，サンゴ礁で形成された非常に美しい島々として有名である。しかし地球温暖化による海面水位上昇によって，水没を恐れ首都マーレは堤防に囲まれたままでの生活を余儀なくされている。

日本沿岸の海面水位は，世界平均の海面水位にみられるような明らかな上昇傾向はみられない。ただ 1990 年代後半以降は平年値（1971 ～ 2000 年の平均）と比べて高い年が続いている。

日本では 1 m 海面が上昇すると，砂浜の約 90 ％がなくなると予想される。

（3）　昆虫，害虫の生息域の変化

ナガサキアゲハの生息域が北上している。1940 年代は中国地方の西端あるいは四国地方の南西端であったのが，80 年代には近畿地方近くまで北上し，90 年代には中部地方からさらに北へ生息域が北上，2010 年には福島県でも生息が確認された。

昆虫の生息域が変化すると，例えばマラリアなどの病気が，より北方，あるいはより南方の国々で発生することが考えられる。マラリアを媒介するハマダラカは，現在は赤道直下の国々に繁殖しているだけであるが，地球温暖化が進行するとその繁殖地域が広がり，マラリアの危険性が増大する可能性がある。

（4）　気候変化

日本列島を 100 km × 100 km 程度の格子に分割して，コンピュータシミュレーションしたところ，確実に日本も暑くなることが予測されている。1900 年代は真夏日日数が年間 40 日前後であったのが，2000 年から 2100 年にかけて 100 日以上になることが予想さ

れている。このことによってエアコンの使用量が増えれば，さらに温暖化は加速する。

　また夏期の大雨日数も今後増加することが予測されており，1900 年代の大雨日数は 1 ～ 2 日であったのが，2100 年にかけて 4 日前後になると予想されている。都市部のコンクリート社会では，水の逃げ場の確保など都市洪水に対する備えが必須となる。

(5)　サンゴの白化現象

　海洋に広がるサンゴ礁は，「海の熱帯雨林」とよばれるように種々の動植物が共生関係を作って暮らしており，生物多様性を保持する貴重な場となっている。

　サンゴの内部には褐虫藻という植物が存在し，その褐虫藻が光合成を行うことによりサンゴはエネルギーを得る。地球温暖化による海水温上昇も含めて，種々の条件で褐虫藻がサンゴから抜け出すと，サンゴの持っている独特の色が無くなり白くなる。これを白化という。

　白化が何回も繰り返されるとサンゴは死んでしまい，貴重な海洋の生物多様性が失われる。沖縄県石垣島の近く石西礁湖は広大なサンゴ礁が広がる場であるが，ここでも最近約 70 ％が失われているということが明らかになった。

　このような白化現象は，世界のいたる所で観測されている。IPCC によると，海面温度が 1 ～ 3℃上がるとサンゴの白化や広範囲の死滅が頻発する恐れがあると指摘されている。

IPCC（Intergovernmental Panel on Climate Change 気候変動に関する政府間パネル）

　IPCC は 1988 年に国連環境計画と世界気象機関のもとに設立された科学者と政策立案者の合同による，気候変動に関する世界の科学的知見の集積と評価を行う組織である。数年おきに評価報告書を出しており，政策検討・国際交渉の場面でも多用されてきた。
　2007 年には第四次評価報告書が発刊されて，地球温暖化は人類の活動によるものであるとほぼ言い切った。

---

(6)　海洋大循環の変化

　さらに大きく，そして不確実性を含んだ気候の変動として，海洋大循環の変化がある。

　地球の表面では，地形や風向によっていろいろなところに海流が引き起こされる。その他に，海洋大循環という 1000 年，2000 年の規模でまわる海洋の大循環がある（図 10-4）。

　海洋大循環が存在することにより，欧州の気温は同じ緯度の他の地域より高くなっている。これは，大西洋の赤道直下で熱せられた海水が欧州の沖合まで北上することによって，欧州に熱を供給しているからである。

　温暖化による海水温の上昇や海水塩分の変化などで海洋大循環に変化が起きると，海洋生態系に影響が及ぶのはもちろんの事，大気の状態を変え，気候を変えて，地球上の全てに及ぶ影響は計り知れない。

　2004 年に「The Day After Tomorrow」という映画が封切られた。ニューヨークがあ

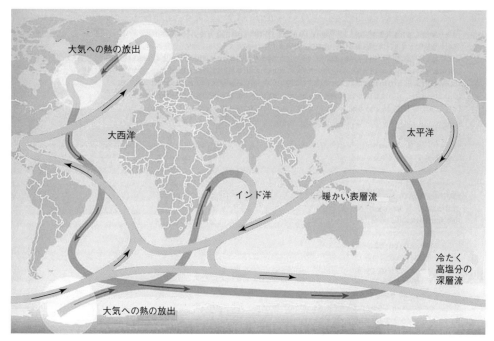

図10–4　海洋大循環の模式図
（グレーは深層流，ブルーは表層流を示す）

っという間に氷河時代に突入するという内容であったが，このような急激な変化はあり得ないとしても，100％フィクションであると言い切れない恐ろしさを秘めていた。

10–3　地球温暖化の原因

（1）　エネルギー使用量の増大と地球温暖化

エネルギーの歴史をたどると，約2000年前の紀元ゼロ年，人類は太陽光や火や家畜の力を使うのがせいぜいであった。18世紀半ばに英国で起こった産業革命は，エネルギーとして石炭という化石燃料を大量に使うことによって，近代社会の工業化をもたらした。その後人類は石油，天然ガス，原子力等を大量に使用するようになり，膨大な量のエネルギーを使用して現代の快適な生活を得ている。

地球温暖化は，生活の質の向上を目指して人類がエネルギー（化石燃料）を大量に使うことによって起こる。また，近年の人口増加に伴い食料増産を図るために，森林を切り開いて農耕地を増加させることなどによって起こる。

（2）　温室効果ガス

地球温暖化に関与する主な化合物は，二酸化炭素，メタン，一酸化二窒素，ハロカーボン類などである（図10–5）。水蒸気も大きく寄与する温室効果ガスであるが，人類がコントロールすることができないので，世界の地球温暖化問題としての扱いの中では考慮されない。

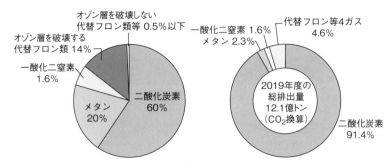

図10–5　温室効果ガスの地球温暖化への寄与度（産業革命以降と日本）

　人間の活動による温室効果ガスの温度上昇への寄与率で，日本の場合で現在最も大きいのは二酸化炭素の91.4 %で，他のメタン，一酸化二窒素，フロン類など温室効果ガスが8.6 %である。しかし，100年間の期間に対する地球温暖化指数で見ると，二酸化炭素を1とした時フロン類のCFC-11が3,500，CFC-12が7,300，メタンが25，一酸化二窒素が298で，おしなべてフロン類が際立って高い。

　表10–1は各種の温室効果ガスの濃度と増加の状況を示したものである。それによると産業革命以前の1750〜1800年代の280 ppmに対し，2020年にはその濃度の約1.76倍の413ppmに上昇している。メタンは0.8 ppmに対し2.35倍の1.88 ppmにも上昇している。フロンは産業革命時代は存在しなかったが，1980年代には年に7 %の割合で増加した。

　温室効果ガスはどこから発生しているのであろうか。

　二酸化炭素は，工業活動あるいは自動車の走行により化石燃料を燃焼することによって，化石燃料中の炭素が酸化されて出てくる。また森林は光合成作用によって大気中の二酸化炭素を吸収して酸素を放出するので，二酸化炭素吸収剤である。広大な森林地帯を切り開くと，森林がなくなり二酸化炭素が発生することと同じことになる。

　メタンは，水田や湿地という還元状態の中で炭素が還元されて出てくる。また牛などのゲップにも含まれるし，天然ガスのパイプラインからの漏出もある。さらに近年は，シベリアの永久凍土の中に固定化されていたメタンが，気温の上昇によって大気中に出てきている。

表10–1　各種温室効果ガスの濃度とその増加割合および温暖化効果

要　素	二酸化炭素	メタン	CFC-11	CFC-12	一酸化二窒素
産業革命以前の大気中濃度	280 ppm	0.8 ppm	0	0	288 ppb
2020年の大気中濃度	413 ppm	1.879 ppm	224 ppt	497 ppt	333 ppb
現在の年蓄積率（2011〜2020年）	2.5 ppm (0.6 %)	0.009 ppm (0.5 %)	− 1.3 ppt (− 0.6 %)	− 3.2 ppt (− 0.6 %)	1.0 ppb (0.3 %)
大気中寿命（年）	50〜200	10	65	130	150
100年の期間に対する地球温暖化指数	1	25	3,500	7,300	290

（及川紀久雄，北野　大，『人間・環境・安全』，共立出版（2005）およびアメリカ海洋大気庁，年次温室効果ガス指標（2021）より）

　一酸化二窒素は，農業活動で窒素系肥料をまいた時にその一部が変換されて大気中へ放出される。

　ハロカーボン類はハロゲン原子であるふっ素，塩素，臭素を含んだ炭素化合物の総称で，フロンや代替フロンなどである。最近先進国では排出量が減っているが，強い温室効果を持つため温暖化への寄与率は大きい。

（3）　二酸化炭素の発生量と収支

　1958年米国のキーリング博士は，ハワイ島のマウナロア山で大気中の二酸化炭素の観測を経常的に始めた。南極点では1957年から観測が開始されており，図10-6に示したように当時の二酸化炭素濃度はおよそ315ppmであった。その後年々増加し，最近は400ppmを越えている。

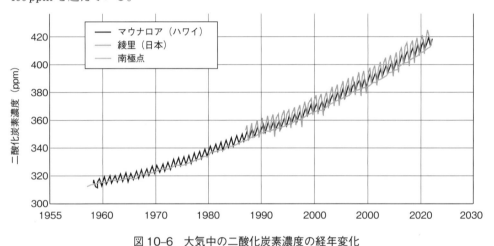

図10-6　大気中の二酸化炭素濃度の経年変化
（米国海洋大気局およびスクリップス海洋研究所，気象庁のデータより作成）

日本国内における二酸化炭素の観測は，波照間島および落石岬と綾里，南鳥島，与那国島で行われている。

　地球温暖化に一番寄与している二酸化炭素は，炭素の両端に酸素が付いた直線型の分子構造であり，分子内振動をすることによって赤外線を吸収する。この二酸化炭素分子の赤外線吸収能が地球温暖化問題に大きく関わる。

　二酸化炭素はよく悪者のように言われるが，それは正確ではない。というのは現在地球にある温室効果ガスを全て取り除いてしまうと，全地球の平均気温は−18℃になると予想されている。現在の全地球平均気温は15℃と算定されているので，現在存在している二酸化炭素などの温室効果ガスは33℃分地球を暖めており，人類やその他の動植物にとって快適な世界を作り上げてくれているのである。そういう意味では二酸化炭素が悪いのではなく，二酸化炭素が今以上に増えることが悪いということになる（図10-7）。

　2018年の世界各国の二酸化炭素発生量は全体で335億t，中国が28.4％で最も大きく，米国が14.7％，続いてインド，ロシア，日本，ドイツの順に発生している。世界の一人当たり二酸化炭素排出量は，米国が全体の15.1t/人で跳び抜けて大きい。ロシア

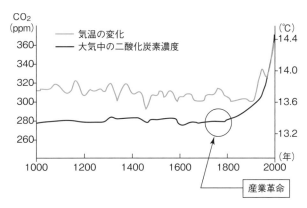

図 10-7　1000 年間の大気中二酸化炭素濃度と気温の変化
(気象庁,「気候変動監視レポート 2001」から作成)

11.0 t／人, 日本 8.5 t／人, 中国は 6.8 t／人と小さい。

　地球規模の炭素収支に関する IPCC (2007) の推定によると, 1990 年代には石油・石炭燃焼, 森林伐採などにより約 64 億 t (炭素換算 t ／年) の二酸化炭素が人為的に発生した。この人為的に排出された二酸化炭素は, 海洋へ約 22 億 t 吸収され, 植物が約 10 億 t 吸収して, 残りの約 32 億 t が大気中に残留し, これが大気中の二酸化炭素の濃度を増加させている。

（4）　大気海洋大循環モデルで予測される気温変動

　大気海洋大循環モデルは, 過去の気候変動を解析してその原因を特定し, 将来予測を行うためのモデルである。現在得られている陸域, 海域, 全ての気温変動を, 自然起源のみの放射強制力だけで説明しようとしても, 実際の変動と全然一致しない。しかし, 自然起源に人為起源の放射強制力を加えたモデルは, 気温変動の観測結果をよく反映している。

　このように高精度のモデルによっても, 人為的な温暖化は疑う余地がないと言える。

> ┃ **過去の二酸化炭素濃度を知る**
>
> 　産業革命以前は大気中の二酸化炭素濃度は約 280 ppm であったと測定されている。なぜ産業革命以前の二酸化炭素濃度がわかるのか, 不思議に思われるかもしれない。タイムカプセルを使用して, 観測値のない過去の二酸化炭素濃度を知るのである。南極大陸やグリーンランドの氷は 3,000 m を超えるような厚さに固められている。この氷を上方からパイプで円柱状に切り取り, 垂直分布を地上へ取り出して, 部分毎に二酸化炭素濃度を測定する。深い部分にはより太古の大気が氷の中に閉じこめられているので, その氷を融解して出てきたガスを分析すれば二酸化炭素濃度を知ることができる。

10-4　地球温暖化対策

　地球温暖化の問題を二酸化炭素の問題に集約すると，ほぼ化石燃料使用に問題点が絞られる。地球温暖化対策の1つは絶対的なエネルギー使用量を減らす，もう1つは化石燃料以外のエネルギーを使用することで，二酸化炭素の排出量を減らす，すなわち低炭素社会を目指すことである。

（1）　省エネルギー

　省エネルギー対策には，産業活動による物の製造工程を変える，燃料効率を上げるなどの方法がある。また，冷暖房の温度設定を変えて節約する，燃料効率を上げているプリウスのようなハイブリッド車など省エネ車を使うなど，個人レベルでも実行できる対策に積極的に取り組む事である。

（2）　再生可能エネルギーと原子力発電

　自然現象を利用した再生可能なエネルギーが，化石燃料や原子力に代わるものとして注目されている。太陽光や太陽熱，小規模の水力，風力，バイオマス，地熱，波力，海洋温度差などを利用した自然エネルギーや，廃棄物の焼却熱を利用したリサイクルエネルギーである。

　再生可能エネルギーを大幅に導入しようと必死な取り組みが成されているが，コマーシャルベースになっているものは少ない。太陽光発電，風力発電は欧州を中心に大々的に取り入れられて，エネルギーの一部を賄っている。しかし海洋温度差発電などは，まだまだ実用化には程遠い。

　地熱発電は，従来高温の熱水や蒸気を必要として立地などの制約が大きかった。しかし近年，温泉など少し高めの温水でアンモニアなどを気化・液化し，タービンを回して発電するバイナリー発電が開発され，発展しそうな様相を示している。

放射強制力

　放射強制力とは，地球に出入りするエネルギーが地球の気候に対して持つ放射の大きさのことである。正の放射強制力は温暖化を，負の放射強制力は寒冷化を起こす。

カーボンニュートラル

　現在，我々は多量の化石燃料を使用して，炭素（カーボン）を大気中に放出している。化石燃料から排出された二酸化炭素は，もう一度化石燃料に戻るには最低でも何千万年という年月が必要なので，ほぼ不可逆過程と考えられる。

　これに対して我々が木材を燃料に使うと，その木が100年生の木であれば，この100年間大気中の二酸化炭素を固定して貯めこんだ炭素が大気中に放出される。その際同等の木が100年後に生長するよう植栽すれば，放出と同量の炭素を光合成により木質部に貯めこむことになるので，実質上は炭素を出したことにならない。これを，カーボンの出入りがない「カーボンニュートラル」であるという。

　バイオマスから作られるバイオエタノールは，日本ではなかなか普及していないが，米国や南米の国々では車の燃料としてガソリンと混合しながら使用されている。ガソリンに比べて燃費効率は若干劣るが，製造コストは国の事情によって大きく異なる。バイオエタノールを使用すると，カーボンニュートラルという視点から二酸化炭素の排出量を減らすことになり，今後の普及が望まれる。

　低炭素化を進める上で，再生可能エネルギーは非常に魅力のあるエネルギーである。しかし自然に由来するため，発電量が時々刻々大幅に変動するという大きな弱点がある。スマートグリッドという手法は，発電から消費に至る電力供給システムを見直して，電力を効率的に利用していく次世代の送電網である。

　電力供給量が不足する場合は，無線ネットワーク技術，遠隔制御技術を活用して，例えばエアコンの冷房温度を強制的に上げるなど消費する側を遠隔的に制御する。電力過剰の場合は，電気自動車を蓄電池として代替利用，電力源として他の機器を運転するなど他の施設に余剰分の電力を移す。このように複数の発電所を用いながら，電力の流れを供給側・需要側の両方から制御して，安定した効率の良い電力利用を目指す取り組みである。

　再生可能エネルギーの導入量が少なく，電気自動車の普及もままならない現状においては，スマートグリッドがその効力を発揮するのはまだまだ先のことであると推察される。

　「地球温暖化対策のために，再生可能エネルギーが増大するまでの繋ぎとして，原子力発電をさらに導入していく」という意見が，これまで一部の人達の間であった。しかし今回，東日本大震災に伴う福島原子力発電所の事故によって陸域，海域へ放射性物質が放出され，原子力発電の脅威を実感した。これを境として，既存の原子力発電や更なる導入の停止が声高々に叫ばれている。エネルギー問題は，国民一人一人が自分の問題として真剣に捉えていかなければならない問題となっている。

（3）　二酸化炭素の海底（地中）貯留

　二酸化炭素を，海底（地中）に貯留しようという研究が続けられている。

　現在存在している燃焼過程をほぼ変えることなく，排出された二酸化炭素を大気中に拡散する前に捉え，そのままでは体積が大きく貯留できないので，液化あるいは固化することで体積を小さくして，深海底や地中深くに貯留しようというものである。

　固化した場合，それを地中であればある程度容易に貯留することができる。ただ使用できるスペースすなわち貯留できる量は限界がある。深海底への貯留はスペース的には膨大なものがあり，大量の二酸化炭素を押し込めることができるが，その場合深海底の生態系に悪影響を及ぼす可能性があり，その点をどのように克服するかが鍵である。

　図10-8は石炭・火力発電所を例にした二酸化炭素の貯留イメージである。排出されるガス中の CO_2 を分離・回収して，それを地中深くのキャップロップ（不逆水層）を上部に持つ帯水層に圧入し，貯留・隔離する方法である。

150

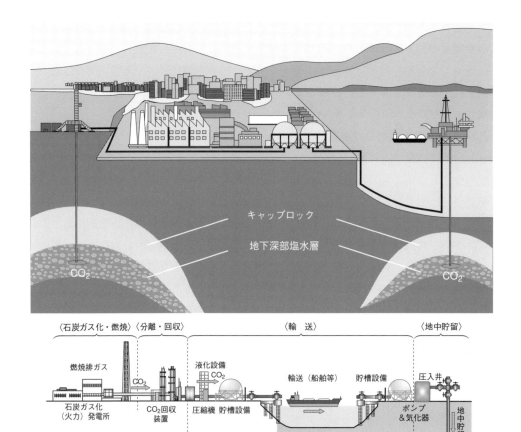

図 10–8　CO_2 の貯留イメージ図
（地球環境産業技術研究機構（RITE）資料）

　二酸化炭素の液化，固化，運搬，貯留に関しては，当然それに必要なエネルギーがあり，そのことによってどのような利得があるか，ライフサイクルアセスメント（LCA）的な手法などで今後検討していくことが必要であろう。

10–5　世界の流れ

（1）　温暖化防止の鍵を握る京都議定書

　大気中の温室効果ガスの濃度を安定化させることを究極の目標とした「国連気候変動枠組条約」が 1994 年に発効した。これに基づき，1995 年から気候変動枠組条約締約国会議（COP）が毎年開催されている。

　1997 年 12 月の COP3 で採択された「京都議定書」は，先進国の温室効果ガス排出を，2008 年から 2012 年までに 1990 年よりも 5.2 ％削減するという，法的拘束力のある数値目標が盛り込まれたものである。目標の達成を助ける仕組みとして，排出権取引，共同実施，クリーン開発メカニズムといった仕組み（京都メカニズム）を導入することも盛

り込まれた。最後にロシアが批准して，2005 年 2 月に発効した。

　CO_2 の排出権取引とは米国が酸性雨対策のために実施し成功を収めた SO_2 の排出権取引を模したものであり，CO_2 の排出量（排出権）を各発生者に割り当て，排出権の売買という経済メカニズムで CO_2 削減対策を行うものである。CO_2 発生者は，環境対策を実施するか排出権を購入して，CO_2 の排出量削減を行わなければならない。

（2）　将来の地球温暖化予測

2100 年がどのような世界になっているか。

　IPCC は，社会学や経済学の観点から 21 世紀の温室効果ガスの人為的な排出量を予測したいくつかのシナリオを設定し，地球温暖化の将来予測を行っている。IPCC（2007）によると，21 世紀末には地球の平均気温が 1980 ～ 99 年に比較して 1.1 ～ 6.4 ℃上昇し，海面が 18 ～ 59 cm 上昇すると予測されている。

（3）　ノーベル平和賞

2007 年のノーベル平和賞は，元米国副大統領ゴア氏と組織 IPCC が受賞した。前者は，「不都合な真実」という本や映画で地球温暖化問題の啓蒙を行った事による。後者は，地球温暖化問題に関する世界の科学的知見の集積と評価報告書の作成によっている。

　地球温暖化問題は世界に共通する問題であり，その貢献はノーベル平和賞に値する。未来がどのような地球になるか，世界人類の選択するシナリオにかかっている。

（4）　ノーベル物理学賞

2021 年度のノーベル物理学賞にアメリカ・プリンストン大学の客員研究員で，海洋研究開発機構のフェローを務める真鍋淑郎氏が選ばれた。受賞理由は「コンピューターによる気候のシミュレーションモデルの開発」である。1967 年にはこのモデルを応用して二酸化炭素の濃度が 2 倍になると気温が 2.3 度あまり上昇することを導き出し，世界に先駆けて二酸化炭素の増加が地球温暖化に影響することを示した。

　また 1969 年には大気と海洋を結合した物質の循環モデルを提唱し，大気と海の熱の交感をモデルに取り入れることで，二酸化炭素が増加すると地球全体の気候がどのように変化するのかを導き出した。

（5）パリ協定の発効

パリ協定が 2016 年 11 月 4 日に発効した。

　1997 年に採択された京都議定書は，先進国にのみ削減義務を負わせた議定書であったが，米国の離脱，また大国である中国やインドが入っていない等で，発効後，実質的な役割を果たさない議定書になっていた。そのため「国連の気候変動枠組み条約締約国会議（COP）」では，毎年のように京都議定書に替わる議定書の作成が議論されてきたが，日の目を見てこなかった。

　2015 年にパリで開かれた COP 21 では，難産の上であったが新しい地球温暖化対策の国際ルールであるパリ協定が採択された。パリ協定は，今世紀末に温室効果ガスの排出をゼロにすることを目指している。その後，発効への批准手続きは加速され，ほぼ 1 年後の

2016年11月4日に発効した。議定書という名前にならなかったのは，少し厳しさを和らげるためであったと想像される。

　パリ協定の内容は，世界全体の平均気温上昇を産業革命前に比べ2℃より低く抑える。さらに気温上昇を1.5℃までに抑える努力をする。全ての国が温室効果ガスの削減目標を作る。世界全体の削減実施状況の検討を5年ごとに行うというものである。

　先進国と途上国の対立が長く続いてきただけに，新興国や途上国も含む全ての国が参加して，地球温暖化の原因となる二酸化炭素など温室効果ガスを減らすことにしたというのは，画期的なことである。ただ，まだ細部に関しては未決定の部分があり，特に各国が排出削減できたかをどのようにチェックするかは，今後決めるようになっている。

　2016年11月7日からモロッコでCOP22が始まった。日本は，発効はまだ時間がかかるだろうという誤った読みのもとに協定締結が遅れたため，詳しいルールを決める今回のCOP22にはオブザーバーとしての参加になってしまった。

　不安要素として，2016年の米国大統領選挙においてトランプ氏が選ばれたことであり，トランプ氏はこれまでパリ協定に否定的な見解を示していた。これまでの公約の通りに米国がパリ協定を批准しないということになれば，パリ協定の重みが軽くなることは避けられない。

　日本政府としては，早期にパリ協定の批准を行うことが必要である。個々の対応は日本政府としては考えられていて，2015年11月「気候変動の影響への適応計画」を閣議決定した。完全に地球温暖化を押さえこむのが不可能である以上，適応策によって被害や影響を最小限に食い止めようとするものであり，水稲や火事の被害，元々は暖かい地域に生息する病害虫の北上，河川の洪水や沿岸部の高潮・高波，熱中症リスクなどの対策を強めていこうとしている。

（6）COP26（国連気候変動枠組み条約第26回締約国会議）

　2021年に英国で開かれた国連気候変動枠組み条約第26回締約国会議（COP26）ではパリ協定で「産業革命前と比べた世界の平均気温上昇を2度未満の目標，できれば1.5度に抑える努力目標」を1.5度目標を実現と明記されたことが大きな前進と言える。なお，このほか石炭火力の廃止についても議論され，議長国の英国は，二酸化炭素排出量が多い石炭火力について，「段階的な廃止」という表現を成果文書に盛り込むことを最後まで主張したが，発電コストの安い石炭火力を主要電源とするインドの代表が，石炭火力の廃止を強硬に反対し，最終的には「段階的な削減」という表現で妥協が成立した。

　世界は脱炭素に挑むという姿勢を見せてはいるが，先進国が途上国にどれだけ技術協力をするか，どれだけ経済支援を行うか，そういう部分はまだまだ不透明であり，南北間の想いの差によっては脱炭素に挑むと言っているだけの世界になる可能性も捨てきれない。

■参考文献

1) IPCC 気候変動に関する政府間パネル，『IPCC 地球温暖化第四次レポート』，中央法規出版 (2009).

2) 国立環境研究所地球環境研究センター，『ココが知りたい地球温暖化』，成山堂 (2009).

3) 国立環境研究所地球環境研究センター，『ココが知りたい地球温暖化2』，成山堂 (2010).

4) 及川紀久雄編著，北野　大，篠原亮太，『低炭素社会と資源・エネルギー』，三共出版 (2011).

5) 西岡秀三, 宮崎忠國, 村野健太郎，『地球環境がわかる』，技術評論社 (2009).

6) 国立天文台，『環境年表（平成23・24年)』，丸善出版 (2011).

7) 田中俊逸，竹内浩士，『地球の大気と環境』，三共出版 (1997).

11
地球危機と生命―成層圏オゾン層破壊―

11-1　大気圏の構造と成層圏オゾン層

　人間は地上高度せいぜい 1 〜 2 km に暮らしており，そこから上の大気のことに思いをはせることはない。そして民間航空機のジェット機に乗れば 10 km 程度を飛行するものの，10 km の地点がどれほど気圧の低い状態であるかも，どれほど寒い状態であるかも知らないし，さらに上空も一緒だと思うかもしれない。

　地上 10 km までの大気圏は対流圏と言われ，ここでは空気が上下に混合して雲が発生し雨が降る。このため人類が大気中に汚染物質を出したとしても，水溶性のものであれば雨により除去されてしまう。これに対して 10 km より上空 50 km までは成層圏とよばれ，空気の上下混合が無くなり，大気が成層になっている。

　地球に降り注ぐ太陽光の紫外線の中でも，波長が短くエネルギーの大きい紫外線は，成層圏に存在している酸素分子に吸収される。酸素分子は分解されて酸素原子となり，周りの酸素分子と合体してオゾンを生成する。一方，生成したオゾンはやや長波長側の紫外線を吸収して分解し，酸素分子と酸素原子に戻る。成層圏の中でも中層の 20 〜 30 km 程度の領域では，オゾンの生成する量と分解する量がつりあいオゾンの高濃度層が存在している。といってもオゾンの量は少なく，地表から大気圏上端までのオゾンを集めて，1 気圧，0℃にすると 5 mm 以下にしかならない。有害な紫外線は成層圏でほとんど吸収されて，地表には長波長側の紫外線のみが到達する。

　地球は 46 億年前に誕生し，以来二酸化炭素等を主とする気体に満ちた星であったが，やがて水中に生命が誕生し酸素が供給されるようになった。さらに大気中に酸素が増加するとともにオゾンが増え始め，約 10 億年前には今と変らないオゾン層ができたと考えられている。オゾン層により紫外線が吸収されるために，生物は海の中から陸上に生息域を増やすことができたのである。

　オゾン層は太陽光中の紫外線から陸上生物を守る，われわれ生き物にとって宇宙服のような存在である。と述べると，オゾンはさも善玉であるかのように思われるが実はそうではない。オゾンは有毒ガスであり，高濃度のオゾンに触れることは動植物にとって危険きわまりないことである。大気汚染として光化学スモッグがあげられるが，これはオゾンが高濃度になった状況である。

　オゾンが高濃度になると，植物の葉が変色を起こす（光合成能力が減少する），動物の粘膜を刺激するなどの被害を与える。成層圏には動植物が存在していないので，成層圏のオゾンは動植物が触れる可能性がないために善玉となっている。

11–2　フロンとオゾン分解

　クロロフルオロカーボン（CFC）を代表とするフロン類は，1930年代に米国のデュポン社で開発された商標フレオン（フロン12が最初に開発された）を初めとして「夢の化学物質」と呼ばれ，近代社会を支える物質として先進国を中心に大量に用いられてきた。毒性が低く，不燃性，難分解性で，断熱性，電気絶縁性が高く，金属腐食性，粘性が低く，気化液化を容易に起こす。これらの優れた性質により，冷蔵庫，冷凍庫，エアコンなどの冷媒，電子部品の基板の洗浄剤，発泡スチロールを作るための発泡剤，ヘアースプレーなどの噴射剤（エアロゾル）として使用されてきた。

　図11–1に示したように，環境中に放出されたCFCなどは化学的にきわめて安定で分

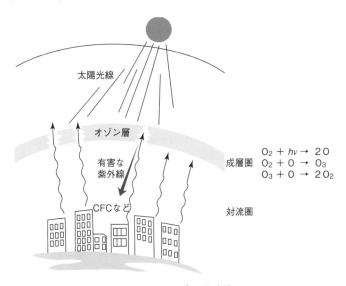

太陽光線

オゾン層

有害な
紫外線

CFCなど

成層圏

$O_2 + h\nu \rightarrow 2O$
$O_2 + O \rightarrow O_3$
$O_3 + O \rightarrow 2O_2$

対流圏

図11–1　オゾン層破壊
（パンフレット「オゾン層を守ろう」（環境省地球環境局）より）

フロンについて

CFC	クロロフルオロカーボン，強力なオゾン層破壊物質，代表的フロンである
特定フロン	モントリオール議定書採択当初に規制されていたCFC-11（フロン11）など五種類のCFC
HCFC	ハイドロクロロフルオロカーボン，CFCを代替するものとして開発された代替フロン，オゾン層破壊能力はCFCの20分の1
HFC	ハイドロフルオロカーボン，代替フロンでオゾン層破壊能力ゼロ，ただし温室効果は他のフロン類同様非常に大きく，京都議定書で削減の対象

解されないため，使用量の増大に従って大気中の濃度が徐々に増加し，対流圏より上層の成層圏に達する。

　成層圏は太陽紫外線が非常に強いために，対流圏では安定であったフロンも分解されて反応性の高い塩素原子を放出する。これがオゾン分子と反応してオゾンを酸素分子に分解し，塩素原子は連鎖反応で再生される。反応は以下に示したように1個の塩素原子が多数のオゾンを分解するので，オゾン層のオゾン濃度が減少する。

$$CCl_2F_2 \ + \ h\nu \ \rightarrow \ CClF_2 \ + \ Cl$$

$$\left.\begin{array}{l} Cl \ + \ O_3 \ \rightarrow \ ClO \ + \ O_2 \\ ClO \ + \ O_3 \ \rightarrow \ Cl \ + \ 2O_2 \end{array}\right\} \quad \text{まとめると} \quad 2O_3 \ \rightarrow \ 3O_2$$

　図11-2に示すように，1960年代フロンの生産量は急激に増加した。しかし1970年代に入って，フロンが分解されずに成層圏に達し，成層圏オゾン層を破壊するという論文（1974年　モリーナ・ローランド仮説）が研究者から出されて，フロン生産の増加は止まった。その後，研究者とデュポン社とのオゾン戦争とも言われるような科学的知見の応酬があったが，1985年南極上空にオゾンホールが確認されたことによって，科学的論争はデュポン社側の完全な敗北となった。フロンは「環境破壊物質」の烙印が押され，生産量は急激に減少した。

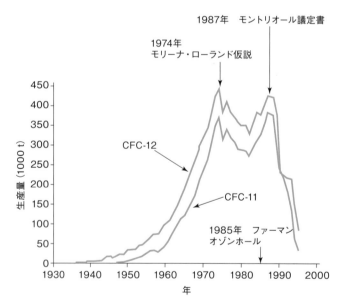

図 11-2　フロン（CFC-11，CFC-12）の生産量の推移
（西岡秀三編，『新しい地球環境学』，古今書院（2000），p.27）

11-3　南極オゾンホール

　南極でオゾン観測を行っていた研究者の間で，1980年代前半から日本の秋季（南極の春季）に上空のオゾン濃度が減少することが観測されていた。南極オゾンホールの存在を論文で証明したのは，1985年英国のファーマン博士である。

　米国の研究チームはニンバス7号という人工衛星でオゾン濃度を測り続けていたが，この栄誉を取り損ねた。彼らは，オゾン濃度が低くなることはありえないという先入観のもとに，ある値以下のオゾン濃度を欠測扱いにしてデータがないものと見なしていたのである。その欠測扱いした部分のデータの縛りを外したら，南極上空にぽっかりと穴の開いたオゾンホールが見いだされた。ニンバス7号研究チームは，こうしてオゾンホールの存在を可視化することで辛うじて存在を示した。

　オゾンホールの面積は，図11-3に示したように南極の春季に当たる8月に上昇しはじめ，9月に最高に達し10月，11月となだらかに減少し，12月にはほぼゼロになり解消するという動きを平均的に示している。

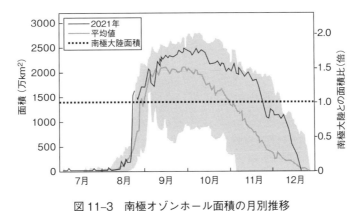

図11-3　南極オゾンホール面積の月別推移
過去（2011～2020年）の平均値（青線）およびその期間の最大値・最小値（グレーの領域の上端と下端）の推移
（気象庁－地球環境・気候－［地球環境情報］オゾン層・紫外線－南極オゾンホールの状況（2021））

　成層圏の南極上空には，冬場気温が極度に低下し，また周りとの空気の混合がないためにさらに気温が低下して，氷の粒から成る極域成層圏雲ができる。この雲にオゾンを破壊する物質が吸着すると，気温が上がり太陽光が強くなる春には吸着していた物質が脱着し，太陽光で分解してオゾンを連鎖的に破壊してしまう。周りの空気の入れ混じりがないため局所的に反応は進み，南極上空でオゾン濃度が極度に下がりホール状に観測される。

　南極オゾンホール面積の年最大値の推移によると，図11-4に示すように1980～1990年に面積が急速に拡大し，2000年前後には南極大陸の面積の2倍近くになり，近年は少し減少傾向が見られる。

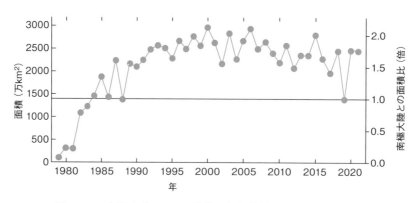

図 11-4　南極オゾンホール面積の年最大値の経年変動
(横線は南極大陸の面積を示す)

(気象庁-地球環境・気候-［地球環境情報］オゾン層・紫外線-南極オゾンホールの経年変化)

　北極上空においては，南極上空と気温差があるため規模は異なるものの，同様な反応機構によりオゾン層破壊が見られる（コラム p.160 参照）。

11-4　成層圏オゾン層破壊による影響

　オゾン層が破壊されると，紫外線が強くなる。このことによって植物の葉の成長阻害，葉面の白化，黄化，発芽阻害，農作物の生育，収量の低下があるし，水域の生態系，森林等の植物生態系へも影響が及ぶと考えられる。

　人体への影響としては皮膚がんなどの増加，白内障などの発生，免疫低下による感染症などの発生などが危惧される。オゾン量が 1 ％減少すると皮膚がんの発症が 2 ％増加し，白内障の発症は 0.6 〜 0.8 ％増加すると報告されている。

　成層圏オゾン層のオゾン濃度が大陸の南半分で低下しているオーストラリアは，ほとんどが白人で皮膚が弱いということもあり，世界で最も古い 1980 年代から紫外線対策としてサン・スマートプログラムを実行している（オーストラリア大使館東京ホームページ）。

　紫外線から子どもたちを守るため，「スリップ・スロップ・スラップ・ラップ（Slip, Slop, Slap, Wrap）」はオーストラリアの子どもたちが外へ出るとき守るべきスローガンになっている。

　　　長そでのシャツを着よう！（Slip on a long sleeved shirt）

　　　日焼け止めを塗ろう！（Slop on some sunblock）

　　　帽子をかぶろう！（Slap on a hat that will shade your neck）

　　　サングラスをかけよう！（Wrap on some sunglasses）

　わが国においても，各地の紫外線量の予測など紫外線情報が気象庁から発信されるようになった。

　また紫外線の強度が強くなることにより化学反応が活性化されて，成層圏での化学現

象が対流圏にまで影響を及ぼし，地球規模での気候の変化，地球温暖化，対流圏での化学反応の変化などが推測される。

11-5 オゾン層を守るために，国際社会の対応

まず，フロンを使い続けることは，オゾン層が破壊され人体に悪影響が及ぶと予想された。続いて南極オゾンホールの存在が明らかになり，その成因を証明する研究によって科学的知見が得られ，世界の主要な動向が一本化された。

1985年，「ウィーン条約」でオゾン層保護というキャッチフレーズを作り，1987年「モントリオール議定書」で各種フロンの削減スケジュールを決め，その後も定期的に議定書を改定してフロン削減のスケジュールを早めていった。

最初は，オゾン層保護のためにフロンの代替品として代替フロンが使用された。難分解性のフロンは主に炭素-ハロゲン原子が結合しているが，代替フロンは炭素-水素結合も持つ。この炭素-水素結合は切れやすいため，分解して対流圏で除去される。

ところが，代替フロンは非常に強い温室効果ガスであることがわかり，地球温暖化防止の観点から製造と使用に制限がかけられることになった。

国際社会は脱フロン，脱代替フロンを取らなければならなくなり，例えば冷蔵庫に関しては冷媒に炭化水素を使用するとか，フロンが発明される前に使用されていたアンモニアを使用するということを選択してきた。この2つのガスは，使用するに当たって細心の注意が必要である。炭化水素の場合は，可燃性であるために完全な防火仕様にしなければならない。アンモニアの場合には，悪臭物質であるので絶対漏れることがないようにしなければならない。これらの点を克服するため生産コストが上がることになったが，メーカーは脱フロン，脱代替フロンということで，そのことをやり遂げている。

また，これまでに生産され使用されているフロン，代替フロンは，回収が義務づけられている。回収後は無害化する，あるいはその中のハロゲンを原料として別途使用するなどの対応が行われている。

このように成層圏オゾン層破壊問題に対する国際社会の対応は，環境問題におけるサクセスストーリーである。条約を作り，議定書で細かな所を決めていくという地球環境問題解決のルートも確立された。

11-6 成層圏オゾン層の回復予測

国際社会はサクセスへの道筋をとってはいるが，まだサクセスを手に入れたわけではない。先進国でフロンの生産量を削減したり，使用停止をしても，これまで使用されてきた機器中のフロンが100%回収される保証もないし，回収されたフロンが密輸されている可能性もある。途上国ではまだまだフロンを使い続けることになる。図11-5に示す

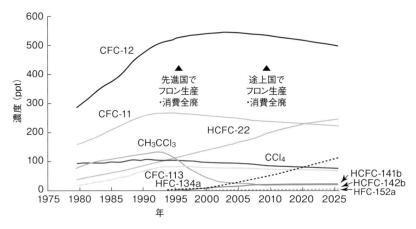

図 11-5　主なオゾン層破壊物質の年平均濃度の経年変化（世界の観測所の平均）
（米国海洋大気局（NOAA/GML, 2021）のデータより作成）

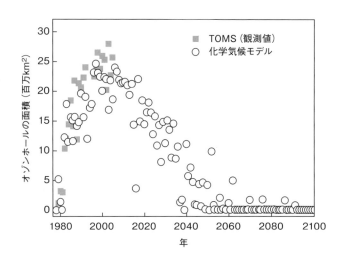

図 11-6　化学気候モデルを用いた数値実験から予想されるオゾンホール面積の推移
図中，■印は衛星からの観測値（TOMS），○印は化学気候モデルによって計算された値。
（平成 21 年度オゾン層等の監視結果に関する年次報告書（環境省地球環境局））

ようにフロンは難分解性であるために，大気中の濃度がすぐに減るわけではなく依然高い状態である。一方，代替フロンは分解性があるので，生産，放出を止めれば濃度が低下してくる。

　研究者のモデル計算によると，図 11-6 に示したように 2000 ～ 2010 年にかけて南極オゾンホールは最も大きくなり，以後縮小していくと予測されている。ただこれは現在の科学的知見に基づく予測であり，考慮されていなかった要因によって，南極オゾンホールの回復が早まることも，なかなか改善されないこともあり得る。特に危惧されるのが，地球温暖化の進展であり，地球温暖化すると地表では気温上昇が起こるが，成層圏では気温低下が起こると考えられており，よりオゾン破壊が進む可能性がある。

北極上空にオゾンホール出現

　2011年の冬から春にかけて北極上空で起こった成層圏のオゾン破壊は観測史上最大規模であり，初めて南極オゾンホールと匹敵する規模のオゾン破壊が起こっていたことが確認された（図）。従来から北極上空での成層圏オゾン破壊は可能性があると指摘されていたが，南極よりも気流の乱れが起こりやすいため暖気が進入しやすく，上空の気温低下が押さえられることにより極域成層圏雲の生成量が少ないため，成層圏オゾン破壊も限定的でありオゾンホールはできないと考えられていた。成層圏オゾン層破壊をもたらすフロン類濃度は一定から減少傾向にあるのにオゾンホールが出現したことの詳細な理由は今後の解析による。オゾンホールは極上空に存在するが，気流の変化により低緯度へ移動する。紫外線の増加領域が低緯度に移動すると，人口の大きな欧州高緯度地帯では紫外線の増加による人間，生態系への悪影響が危惧される。

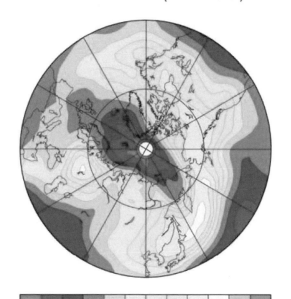

北半球のカラムオゾン濃度（300ドブソンユニット以下がオゾンホール）
（国立環境研究所ホームページ）

■参考文献

1）中島俊夫，『よくわかる気象学』，ナツメ社（2006）．

2）田中俊逸，竹内浩士，『地球の大気と環境』，三共出版（1997）．

12
地球危機と生命—酸性雨—

12-1　酸性雨とは

　酸性雨を厳密に定義すると，pH5.6以下の雨となる。これは大気中に存在している約380 ppmv の二酸化炭素と雨水が平衡状態になった場合に，約 pH5.6 を示すからである。

　しかし米国では遠隔地点の酸性雨の観測結果から，自然起源の発生源（火山からの硫黄酸化物，海洋からの硫黄化合物からの硫酸）の寄与により雨水の pH は 5 程度になるとしている。

12-2　酸性雨の生成

　工業活動が活発化することによってエネルギー使用量が増加し，石炭，石油など化石燃料の使用量が増加して，大気中に硫黄酸化物（SOx）や窒素酸化物（NOx）が大量に放出されるようになった。

　この二者が酸性雨の原因物質であるが，成因は全く異なる。硫黄酸化物は，化石燃料の中に含まれる硫黄分（S）が燃焼過程で酸化されて生成される。硫黄分の多い石炭を大量に使うほど，硫黄酸化物の生成量も多い。

　一方窒素酸化物は，化石燃料中の窒素による寄与も若干あるが，ほとんどは大気中の窒素と酸素が高温の燃焼過程で反応して生成される。地球上で物を燃やすと窒素酸化物は必ず発生し，高温燃焼の方が低温燃焼の場合よりもより多く発生する。

　大気中に放出された大気汚染物質は，図 12-1 に示したように輸送中に太陽光のもとで光化学反応を受けて，硫黄酸化物は硫酸に，窒素酸化物は硝酸に変換される。

酸性物質の生成

　大気中に硫黄酸化物，窒素酸化物，揮発性有機化合物が存在すると，太陽光による光化学反応が進行し，酸化性の強いオゾンや OH ラジカルなどが生成する。主には OH ラジカルによって酸化反応が起こり，下式のように硫黄酸化物が硫酸に，窒素酸化物が硝酸に変換される。

$$2OH + SO_2 \rightarrow \rightarrow H_2SO_4$$
$$OH + NO_2 \rightarrow HNO_3$$

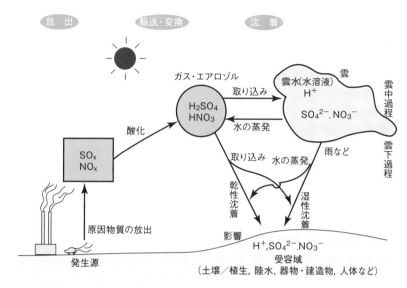

図12-1　酸性雨に関連する大気汚染物質の発生，輸送と変換および沈着と影響の模式図
出典：東アジアモニタリングネットワーク（EANET）資料

　これらの酸性物質は，ガスや粒子状物質（エアロゾル）として直接生態系に沈着，あるいは雲粒，雨粒に取り込まれて降ってくる。また，黄砂などの土壌粒子やアンモニアで中和される場合もある。

12-3　酸性雨の影響

　酸性雨問題の発端は，湖沼の酸性化にある。1960年代から70年代に，スウェーデン，ノルウェー，カナダなどで湖が酸性化し，魚類が減少して大きく騒がれた。北欧や北米などの表層土が薄くてすぐに岩盤が現れるような地帯の湖沼や河川で，酸性雨による影響がよく見られた。

　欧州，北米，アジア地域で，種々の大気汚染，硫黄酸化物，オキシダント，酸性雨，酸性霧の影響による可能性が高い森林枯損が起こったが，因果関係の証明はされていない。ポーランド，チェコ，旧東ドイツの国境地帯である「黒い三角地帯」では，かつて広い範囲で森林枯損が見られた。これは1970年代から80年代に，工業活動によって発生した大量の二酸化硫黄が酸性雨となって森林に多大な影響を与えたと推察されている。日本でも特に北関東の山岳地帯で激しい森林枯損が見られる。これらの地域の森林枯損には，酸性霧やオゾンが関与しているのではないかと見られている。

　また，世界中で歴史的価値のある貴重な建造物や銅像が，酸性雨により腐食などの損傷を受けている。

12-4　酸性雨対策

　環境問題に対しては３種類の方策がある。環境を破壊する原因物質を出さない「抑制対策」，発生した原因物質が環境に放出されないようにする「処理対策」，そして不幸にして環境が破壊された時に，それを回復する「回復対策」である。

　かつて公害問題が発生したとき，根本的な対策を取らず，局地的な大気汚染問題を克服するために，工場の煙突を 200 m 以上に高煙突化した。これは何の対策にもならず，更に大気汚染物質を広域に輸送することになった。

　① 抑制対策

　酸性雨原因物質（SOx，NOx）を出さないようにするには，車に乗らない，節電する，ほか様々な節約によってエネルギーの使用量を減らし，燃料の消費量を減らす。少しの燃料で多くのエネルギーを得るように，方式を改善する。硫黄分の少ない化石燃料を使う，事前に硫黄分を抜くなど，よりクリーンな燃料を使用するなどの方策がある。

　② 処理対策

　酸性雨原因物質の大気中への放出を減らすためには，発電所や工場などの煙突に脱硫，脱硝装置を設置する（詳細に関しては「5-3　環境基準のある大気汚染物質」参照）。自動車の排ガス中の NOx 放出量を減らすために，後処理装置を装備するなどの方策がある。

　③ 回復対策

　酸性化した湖沼や森林には石灰散布（ライミング）という手法が取られて，回復が図られる。スウェーデンでは 1977 年より酸性湖沼の回復のために，ボートやヘリコプターを利用して石灰の散布が行われはじめた。1991 年には，国家予算として約 35 億円がこの作業に費やされた。

　森林によっては，石灰をまいて回復作業が行われたものの，Ca^{2+} が過剰になって Mg^{2+} とのバランスが崩れ，Mg^{2+} 欠乏被害が出たため Mg^{2+} を含む肥料を更に施肥したという報告もある。

　このように森林生態系，あるいは湖沼生態系は非常に微妙なバランスの上に成り立っているので，ただ石灰を中和剤として撒いて酸を中和すれば全てが解決するというわけにはいかない。これまで死に絶えた動，植物を中心とする生態系が完全に回復するには，長い年月がかかるものと覚悟しなければならない。

12-5　国際社会における酸性雨問題の歴史

(1)　欧　州

北欧のノルウェーやスウェーデンでは，自国で大気汚染物質をそれほど放出していな

いにもかかわらず酸性雨問題の発端となった湖沼の酸性化に見舞われた。このことから，これらの国々は越境大気汚染被害国であるという立場で酸性雨問題に取り組んでいた。これに対して欧州全体での動きは当初弱かったが，旧西ドイツが自国での「黒い森」森林被害を重大問題ととらえ，積極的に関与しはじめてから酸性雨問題は大きな進展を見せた。

　調査・研究，あるいは降水のモニタリングが広範に行われるようになり，情報の蓄積によって欧州全体の問題として捉える機運が高まり，種々の国際機構が設立された。

　1979年国連欧州経済委員会（ECE）により，歴史上初めての越境大気汚染に関する国際条約である「長距離越境大気汚染条約」が締結された。発効後は議定書により補足・強化されており，条約加盟国全てが議定書を批准しているわけではないものの，酸性雨問題を克服してきている（表12-1）。

表12-1　長距離越境大気汚染条約とそれに基づく議定書

締結年	条約，議定書	内　容
1979	長距離越境大気汚染条約 ヨーロッパ諸国を中心に，米国，カナダなど49カ国加盟（日本は加盟していない）	あらゆる越境大気汚染物質に関する情報の交換や協議，共同研究やモニタリングを行い，対策を推進することを目的とする
1984	EMEP議定書 34カ国＋ECが批准	共同研究，情報交換について ヨーロッパモニタリング評価プログラム（EMEP）により大気汚染物質を監視する
1985	ヘルシンキ議定書	硫黄酸化物排出の削減について 1993年までに1980年時点のSOx排出量の少なくとも30パーセントを削減することを求め，国別の削減目標量を定めた
1988	ソフィア議定書	窒素酸化物排出の削減について 1994年までにNOx排出量を1987年時点の水準に凍結することを定めた
1994	オスロ議定書	硫黄酸化物排出の削減について 国別にSOx排出量の削減目標量を定めた ヘルシンキ議定書に置き換わるものである

（2）　北アメリカ

　カナダでは湖沼，河川の酸性化，あるいは森林被害が米国からの越境大気汚染によるものとして，米−カナダ両国間で会議が何度も持たれた。米国は越境大気汚染を認めな

米加大気質協定

　米国では1990年に酸性雨対策を含む大気清浄化法が改正された。この改正では，火力発電所から排出されるSO_2，NOxについて，SO_2の排出量は現状の約2000万tから2000年には約1000万tに，NOxの場合には，現状の約1900万tから2005年には1500万tに削減しようという計画である。また，1991年に「米加大気質協定」が採択された。カナダ環境省は，最近，締結20周年を迎えたこの大気質協定が酸性雨とスモッグを大きく削減したと公表した。

かったが，自国の大気汚染物質，特に硫黄酸化物の削減に手をつけ始めた。このため北米においても硫黄酸化物は大幅に削減されてきた。

（3）　日本と東アジア

日本国内で酸性雨の存在は従来から確認されていたが，河川や湖沼，土壌の酸性化は確認できていない。1994年の第二次酸性雨調査報告書では，冬季の北西季節風に乗って酸性物質が中国大陸から運ばれてくること，国境を越えた大気汚染への対処が必要なことが示唆された。

さらに1997年環境庁の酸性雨対策検討会中間報告では，全国的に欧米なみの酸性雨が降っていること，湖沼におけるアルカリ度の低下や樹木の立ち枯れが見られることから，酸性雨は日本でも生態系に影響を与えるレベルになっていることが初めて警告された。

東アジア地域で酸性雨問題に早くから取り組んだのは中国，韓国，日本である。大気汚染物質を多く発生し大気汚染問題に悩まされ，各国独自に降水のモニタリングに取り組んでいたが，日本の環境省（当時環境庁）が主唱して，2001年から東アジア10か国で「東アジア酸性雨モニタリングネットワーク（EANET）」の本格稼働が始まった。

12-6　現状とこれから

（1）　米国における酸性雨モニタリング

米国では酸性雨モニタリングが「国家酸沈着プログラム（NADP）」として実施され，約200地点の年間pH測定結果が公表されている。

2009年の結果によると，図12-2に示すように米国の西半分ではほぼpHが5台であり，

図12-2　米国の降水のpH分布図
(National Atmospheric Deposition Program/National Trends Network)

酸性化は進行していない。一方，東側では3割程度がpH5以下で，特に北東部は酸性化が激しく，最低pHは4.6である。

これは米国の工業地帯が五大湖の南側にあり，南西風により大気汚染物質が米国の北東部，カナダとの国境付近に運ばれるからである。1994年から2009年の経年変動を見ると，1994年には北東部でpH4.2の地点が多く見られたことから，降水のpHは大幅に上昇し酸性雨が弱まっている。

(2) 日本における酸性雨モニタリング

日本では酸性雨モニタリングが1983年に開始され，現在約30地点で続けられている。これらは環境省の設置したモニタリング地点であり，降水pH，降水中の非海塩硫酸イオン濃度・沈着量，硝酸イオン濃度・沈着量，アンモニウムイオン濃度・沈着量等は環境省HPで公開されている。

図12-3に示したように，年間の全国降水pHの中央値は1991～2017年の間ほとんど変動がなく，pH4.7前後で推移している。未だに酸性雨が降り続いているという状況であり，酸性雨問題は解決した問題ではない。

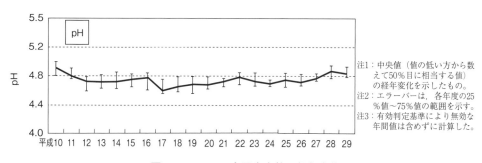

注1：中央値（値の低い方から数えて50％目に相当する値）の経年変化を示したもの。
注2：エラーバーは，各年度の25％値～75％値の範囲を示す。
注3：有効判定基準により無効な年間値は含めずに計算した。

図12-3　pHの全国中央値の経年変化
（環境省，酸性雨長期モニタリング報告）

(3) 東アジア地域における酸性雨モニタリング

2011年現在　「東アジア酸性雨モニタリングネットワーク（EANET）」に13か国が参加している。参加国の酸性雨モニタリングデータは公開されており，アジア大気汚染研究センター（ACAP）（旧酸性雨研究センター（ADORC））のホームページで見ることができる。現在は降水のモニタリング（湿性沈着）が最も進んでいるが，乾性沈着（大気汚染物質の濃度測定）や土壌，陸水，植生のモニタリング（湿性沈着）に関しても少しずつ話が進められている。

東アジア地域では，大気汚染などの深刻な環境問題を抱えつつ経済が急速に発展しており，将来，酸性雨を含む越境大気汚染が深刻になることが懸念されている。EANET構想は東アジア地域の酸性雨・大気汚染対策などの推進に有効であり，データが公表されることにより，将来的に東アジア地域において越境大気汚染条約の締結や，広範な大気汚染物質削減対策を各国が速やかにとることが可能になる。

わが国は今後EANETと密接に連携しつつ，大気モニタリングおよび生態影響モニタ

リングを長期間実施することによって，酸性雨やオゾンなどの長期変動傾向等を把握し，越境大気汚染や酸性沈着の影響の早期把握や将来影響を予測していく予定である。

■参考文献

1) 村野健太郎，『酸性雨と酸性霧』，裳華房（1993）.

2) 環境庁地球環境部編，『地球環境の行方－酸性雨』，中央法規出版（1997）.

3) （社）日本化学会・酸性雨問題研究会編，『身近な地球環境問題－酸性雨を考える－』，コロナ社（1997）.

4) 畠山史郎，『酸性雨』，日本評論社（2003）.

5) 片岡正光，竹内浩士，『酸性雨と大気汚染』，三共出版（1998）.

6) 環境省，『酸性雨長期モニタリング報告書』，環境省（2009）.

7) 田中俊逸，竹内浩士，『地球の大気と環境』，三共出版（1997）.

13
地球危機と生命—黄砂—

13-1　黄砂とは

　黄砂（Dust and sandstorm ： DSS）現象は日本の春の風物詩である。俳句などでは黄砂のことを「つちふる（霾）」という語句で表し，春の季語として使う。

　図13-1に示したように，中国大陸内陸部のタクラマカン砂漠，ゴビ砂漠，黄土高原などの土壌粒子が，春になると低気圧などの発生によって数千メートルの上空まで巻き上げられ，それが偏西風に乗って東アジア上空を浮遊しつつ降下する。時には北太平洋を越えて，アメリカ大陸にまで到達する。

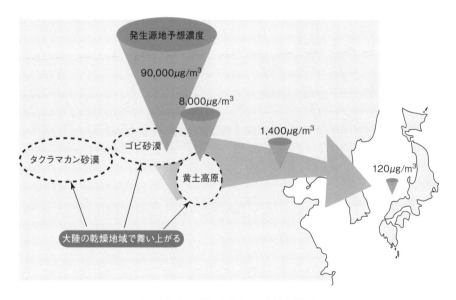

図 13-1　黄砂の発生源地域と移動
(気象庁資料，「黄砂に関する基礎知識」，環境省，「黄砂の発生源地域」)

　黄砂現象は太古から見られ，中国では紀元前1150年頃すでに歴史書の中に「塵雨」という言葉が記載されている。韓国では，古くは新羅アダラ王（西暦174年）の時代に「雨土」という記録が残り，日本でも古文書にしばしば泥雨，赤（紅）雪，黄雪の観測記録が残されている。

13-2　黄砂の日本への飛来状況

　日本の気象庁における黄砂の定義は，「主として，大陸の黄土地帯で吹き上げられた多量の砂の粒子が空中に飛揚し天空一面を覆い，徐々に降下する現象」であり，観測は気象台や測候所が目視により行っている。

　図13-2に示したように，黄砂は夏期を除いて日本列島に降っており，特に2月から増加し始め4月にピークを迎える。

　年別黄砂観測のべ日数をみると，図13-3に示したように1967年から99年の約30年間では，のべ日数が60日を越えた年は2回あった。ところが2000年から2010年では，60日を越えた年は8回，その中4回は100日を越えており，近年黄砂の回数や規模が大

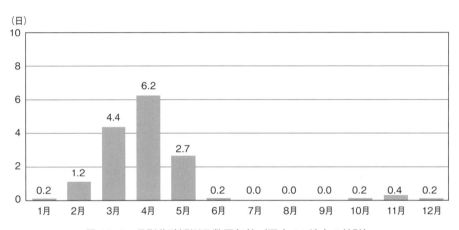

図13-2　月別黄砂観測日数平年値（国内11地点の統計）
黄砂現象が観測された日数を月別に集計し，1991年から2020年の30年で平均した値
（気象庁）

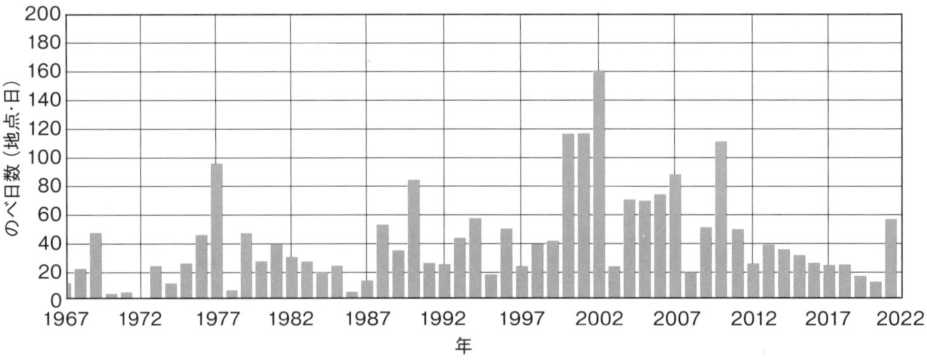

図13-3　年別黄砂観測のべ日数（国内11地点の統計）
国内で黄砂を観測した地点数を合計した日数（1日に5地点で黄砂が観測された場合には5日に換算）。
（気象庁）

きくなっている。のべ日数が160日と最も多かった2002年には，黄砂は東北地方や北海道まで飛来し，これまでのせいぜい本州中央部までしか飛来しなかったものとは質的に異なっていた。

黄砂による被害　　日本における黄砂の被害は，粒子状物質による大気汚染，視程の悪化による飛行機運行障害や，自動車や洗濯物への黄砂粒子の付着などであり，飛来ダストによる大気汚染現象と認識される。

一方，黄砂の発生域に近い中国・モンゴルでは，黄砂は強風によって発生する砂塵嵐として認識され，その暴風被害が問題とされる。1993年5月に発生した特大砂塵嵐の際には，家屋の倒壊・焼失，鉄道の埋没，電柱の倒壊，電線の切断，耕地・果樹園の埋没などの被害も伴って，人・家畜被害が最大となった。砂塵嵐が発生すると，風下地域においては交通運輸や人々の仕事，生活に甚大な影響が出る。

韓国では，2002年3月の大飛来時に学校の休校，飛行機の欠航，精密機器工場の操業停止，呼吸器科，皮膚科，眼科の患者の急増など，社会経済面に大きな影響がでた。このことより黄砂現象に関心が一気に高まり，深刻な大気環境問題として認識されるようになった。

13-3　黄砂の発生

黄砂の発生には風が関与するほか，表面土壌の構造，地表の植生，土壌水分など土壌表面の状態が大きく影響する。

黄砂の発生域である中国・モンゴルのゴビ砂漠，黄土高原など半乾燥地は，冬季に降雨が少なく，また冬から早春まで植生がないために砂塵が舞い上がりやすい。ここで前線の影響で強風が吹くと，砂塵が大量に舞い上がり砂塵の雲が発達して砂塵嵐となる。この地域を通過する強風をともなう気象擾乱は春季に集中するため，砂塵嵐はほとんど3～5月の春季に発生する。

砂塵嵐は，移動に伴って巻き上げた砂塵の中で粒子サイズの極めて大きいものを落下し，一方さまざまな地表起源の粒子状物質を巻き上げながら，一緒に運んでいく。これは土壌粒子だけではなく，火山灰や花粉・胞子，海塩などの自然物質や，自動車や工場から出る煤煙，都市の塵埃，などの人為物質から成る。微細な粒子は大気中を気流に乗って浮遊し，雨に取り込まれたり自然に地表に降下するまで，より遠くへ運ばれる。

(1)　風砂塵としての黄砂

黄砂（砂塵）現象は，ある気象現象のもとに砂漠地帯が存在していれば，その風下側で風成塵として一般に見られる現象である。

このような風成塵は地球上の物質輸送，物質移動として大きなものである。地球全体における風成塵（土壌起源系ダスト）発生量は約21.5億t/年（IPCC2001 Reportから）であり，このうち全海域への降下量は約9億t/年，北太平洋域では4.8億t/年，北大西

洋域では2.2億t/年（R. A. Duceらの推定による）である。

　また黄砂の沈着量は中国や日本において見積もられており，北京では春先の黄砂シーズンで10〜20 t/km²/月，日本では1〜5 t/km²/年である（環境儀）。

　(2)　黄砂の及ぼす長期的，環境科学的影響

　大気中の黄砂粒子は，太陽光の入射に影響を及ぼし，地球の大気を加熱ないし冷却する効果がある。また黄砂粒子，あるいは黄砂粒子と人為起源粒子との混合によって雲の核となり，雲を作ることで地球大気の温度に影響を与える。このように黄砂は地球温暖化に関する役割を持つと考えられる。

　また黄砂粒子には鉄分をはじめ必須微量元素が含まれているため，海洋表面に降下した黄砂は，海洋表層の植物プランクトンの栄養塩として働き，海洋表面のバイオマスの分布に影響を与える。さらに海洋表層の植物プランクトンは，大気と海洋の間の炭素循環を担う主要な要素であり，またプランクトンから発生するDMS（ジメチルサルファイド）は大気中で硫酸エアロゾルとなり，海洋上の雲の形成に関係すると考えられるので，黄砂粒子の与える影響は大きい。

　これら気候変動や物質循環に関連する長期的，環境科学的影響については，未だ明らかでない部分が多い。まず黄砂の発生に関して，その年変動や長期的な傾向を評価，予測するだけの情報の蓄積が必要である。更に大気，地表，植生，人間活動などに関する科学的なデータを蓄積することが，黄砂の及ぼす効果や影響の解明を図る第一歩となる。

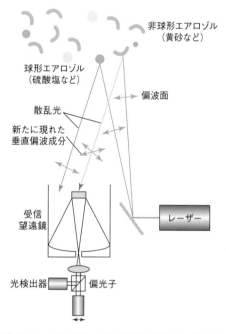

図13-4　ライダーで非球形を区別する原理図
（環境省黄砂パンフレットより）

図13-5　黄砂粒子の電子顕微鏡写真
（環境省黄砂パンフレットより）

（3）　黄砂の研究─ライダーネットワーク

　黄砂の化学組成，あるいは黄砂の物理的性質などに関しては，種々の研究プロジェクトによる研究が広範に行われている。

　また近年ライダー（レーザーレーダー）を使うテクノロジーが進歩し安価で小型になったために，中国，韓国，日本など東アジア地域にライダーネットワーク網を設け，黄砂の立体的な分布状態を観測・再現する試みが進められている。

　ライダー（LIDAR：Light Detection and Ranging）とは図13-5に示したように，指向性の高いレーザー光線を上空に放射して，空中の微粒子により散乱されてくる光を望遠鏡で集光し，その光を増幅などでデータ処理し，鉛直方向の黄砂の分布を知るものである。上空の微粒子に関して，球形（主に大気汚染物質）か非球形（主に黄砂　図13-6）か，そのデータをきめ細かにとっており，鉛直方向は非常に分解能が高い。水平方向はライダーネットワークに何台のライダーが置かれているかに依存している。現在国内11か所，韓国2か所，中国5か所，モンゴル3か所，タイ1か所，観測船「みらい」で観測を行っているので，その分解能で水平分布を示すことができる。

　東アジア地域においては黄砂の垂直分布は精密に，水平分布はある程度のレベルで，明らかになってきた。それらのネットワークのデータは，国立環境研究所ライダーホームページで見ることができる。

（4）　黄砂の研究─化学成分

　日本における黄砂実態解明調査（環境省）は長崎，太宰府，松江，金沢，立山，犬山，新潟港，つくば，札幌にサンプリング地点を置いて経年調査を行っている。2001年から2007年の黄砂飛来時の浮遊粉じんの化学成分を見ると，図13-6に示すように土壌に多く含まれるAl，Ca，Feの増加と同時に人為起源と考えられる硫酸イオンおよび硝酸イオン濃度が高くなっている。これは中国における経済地域の通過に由来することを示唆し

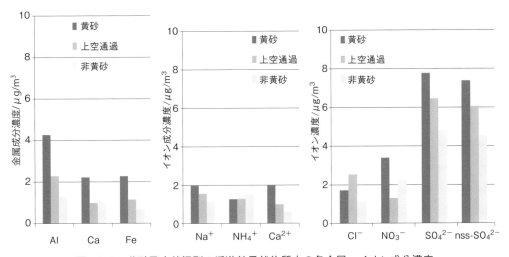

図13-6　黄砂飛来状況別の浮遊粒子状物質中の各金属，イオン成分濃度

（環境省黄砂実態解明報告書（2009年））

ている。

 (5) 黄砂の研究－黄砂分布予測

5-5 **エアロゾル**，コラム（CFORS）（p.91）参照。

13-4 黄砂への対応

 黄砂問題は国境を越えて共通した課題ではあるが，それぞれの国によって異なった形で認識されているため，対策は必ずしも一致しない。

 中国では，黄砂問題は黄河流域および砂漠などからの自然現象であると理解されてきた。しかし近年，急速に広がりつつある過放牧や農地転換による耕地拡大，過揚水も原因とされるようになり，人為起源による土地劣化・砂漠化問題として強く認識されつつある。北京に飛来する砂塵（黄砂）の研究推進を朱鎔基総理が演説の中で述べ，内モンゴル自治区における植林や，耕地の草原への復元などの推進を行うなど，中国政府は黄砂問題に関して危機的な意識を持っている。

 また中国や韓国では，ヒトへの健康影響に関して関心が寄せられ，研究が始まっている。

 日本では，黄砂は大気汚染の一種として認識されている。近年は先に述べたように黄砂の塊りの前面に都市地域，あるいは工業地帯の汚染物質が存在しており，黄砂が飛来する直前に都市大気汚染物質，工業汚染物質が日本で高濃度に観測されることがある。

 黄砂自体に害がなくても，その前面にある汚染物質は，生物種や植物生態系に悪影響を与える可能性のあるものである。黄砂問題は，黄砂現象に汚染物質が付随した越境汚染問題であり，今後も注意深い監視や研究が必要である。

■ 参考・引用文献

1)「環境儀：黄砂研究最前線」，国立環境研究所（2003）.

2) 岩坂泰信，『黄砂その謎を追う』，紀伊国屋書店（2006）.

14
放射能と生命

14-1　原子力エネルギーとは

　2011年3月11日に起こった東北地方太平洋沖地震で，大きな人的・物質的被害を経験した。これに引き続いて福島第一原子力発電所事故が発生した。これ以前までは，日本で一般に用いられているエネルギー源としては，石炭・石油などの化石燃料として約62％，水力・新エネルギーとして約9％，原子力として約29％であった。この事故以降も，近年の地球規模の環境問題から，化石燃料依存を減らし代替エネルギーを採用・模索する傾向が強まっている。

　そんな中で，なぜ原子力エネルギーが注目されて，発電などに利用されているのだろうか。東北地方太平洋沖地震で起こった福島第一原子力発電所第1～4号機の大きな事故により，多くの人が避難を余儀なくされた。生活の基盤を失い，死活問題にさえなった人が多数いたが，なぜ原子力の開発が国の施策として進展してきたのだろうか。原子力エネルギーは，他のエネルギー，例えば石油や石炭などから得られるエネルギーと比べて，どの程度のメリットがあるのだろうか。理解を深めるため，次のコラム1について考えてみよう。

　計算から，石炭と比べると重さにして（質量比にして）3×10^9 倍のエネルギーが得ら

> ### コラム1　原子力エネルギーと石炭エネルギーとの違い
>
> 　1.0 g の物質が，完全にエネルギー化した場合に得られるエネルギーはどのくらいか計算してみよう。その量は，石炭が出すエネルギーに換算すると，どのくらいの量になるだろうか比べてみよう。ただし，石炭 1.0 g で 7,000 cal が得られるものと仮定しよう。
>
> 　ここで高校の物理で習った「質量とエネルギーとの互換性」の式 $E = mc^2$ に，$m = 1.0$ g，$c = 3.0 \times 10^{10}$ cm ＝光速を代入すると，
>
> $$E = 1.0 \times (3.0 \times 10^{10})^2 [g \cdot (cm/sec)^2] = 9.0 \times 10^{20} [erg] = 9.0 \times 10^{13} [J]$$
>
> ここで，1 J = 0.23 cal を用いると，$E = 2.1 \times 10^{13}$ [cal] となり，
>
> $$\therefore 2.1 \times 10^{13} [cal]/7000 [cal \cdot g^{-1}] = 0.30 \times 10^{10} [g] = 3.0 \times 10^3 \ [t]$$
>
> したがって，3,000 t の石炭と同じということになる。

れることがわかる。したがって，原子力を安全にコントロールできれば，エネルギー問題解決のための有力な手法になると考えられる。

　この例は 1 つのモデル計算であるが，現在の原子力発電に用いられているウランは質量数 235(^{235}U) であり，このウラン 1 原子核が核分裂すると，平均で 195 MeV のエネルギーを取り出すことができる。一方，一般の化学反応では，1 反応あたり多くとも数十 eV 程度である。したがって，10^7 倍ほどの差があり，原子核を分裂させると莫大なエネルギーが得られることがわかる。

　実際，原発などで ^{235}U が核分裂すると，質量数で 140 付近（例：ヨウ素-131，セシウム-134，137）と 95 付近（例：ストロンチウム-90，テクネチウム-99 m など）の原子が多く放出され，福島での原発事故ではこれらの核種が観測されている。

　なお，事故当初は，種々の放射性核種が放出されたが，6 年ほど経過すると，残っている核種のほとんどがセシウム-137 となる。チェルノブイル事故の時も 6 年ほど経過すると空気中濃度として残っている核種はセシウム-137 がほとんどであった。

　図 14–1 に，^{235}U が核分裂したときの核分裂生成物を示す。この図を見ると，質量数 95 と 140 付近の原子が多く生成されることがわかる。実際，この原理を使って，原発では，核分裂で最も多く生成されるヨウ素-131 やセシウム-137 などを監視対象物質として，常時測定しており，その情報をオンラインで一般に公開している。その値が一定値で安定していれば，原発が正常に稼働していることを示していることになるが，その逆の場合は，早急な対処を要する。

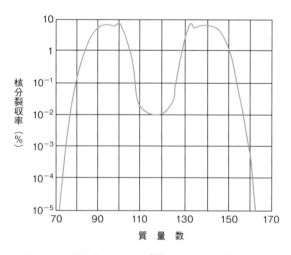

図 14-1　熱中性子による ^{235}U の分裂生成物の収量

　次に，原子核内で変化が起こると，なぜ桁違いに多くのエネルギーが取り出せるのかを理解するため，次のコラム 2 について考えてみよう。

　このコラムは，いわゆる核融合を理解するための例題であり，上の例の核分裂と合わせて考えると，核融合と核分裂の両方でエネルギーが取り出せることがわかる。

　コラム 2 の計算から，陽子と中性子とがばらばらに存在するよりも ⁴He の原子核として存在する方が，質量が小さくなることがわかる。このように核子がばらばらに存在するよりも，1 個の原子核として存在することで質量が小さくなることを質量欠損と呼ぶ。この減少した質量は，核子間の結合エネルギーとなって外に放出されることで原子核の安定化に寄与する。その結果，原子核はより安定化することになる。原子力発電所では，核分裂で生じたこのエネルギーを原子力エネルギーとして取り出し，水を水蒸気に変え，その蒸気でタービンを動かすことで発電している。

コラム 2　核融合についての例を考えてみよう

　質量数 4 のヘリウム(⁴He) の原子核中の核子 1 個あたりの結合エネルギーはどのくらいか計算してみよう。ただし，この原子核の質量の実測値は 4.00151 u とする。また，陽子の質量＝ 1.0072765 u，中性子の質量＝ 1.0086650 u，1 u ＝ 1.6605402 × 10⁻²⁴ g とする。さらに，1 u をエネルギーに換算すると，1 u ＝ 931.5 Mev になる。また，u は一般に「原子質量単位」とよばれる。

　ここで，核子とは，陽子と中性子との総称であり，質量からみると中性子の方が，陽子よりも電子 1 個分だけ重いことになる。

　さて，上の問いかけを計算してみよう。⁴He の原子核には，陽子 2 個と中性子 2 個とがある。

　そこで，これらの合算の質量と実測値との差は，次の通りとなる。

$$（1.0072765 × 2 ＋ 1.0086650 × 2）－ 4.00151 = 0.03037[u]$$

　次に，合算の質量と実測値との差をエネルギーとして表すと

$$0.03037[u] × 931.5[MeV/u] = 28.27[MeV]$$

　ここで，核子の数は 4 であるので，28.27 を 4 で割ると，1 個あたりの結合エネルギーは約 7 MeV となることがわかる。この場合，⁴He の原子核 1 個ができると 28.27MeV のエネルギーが放出されることになる。なお，このように，核子同士が結合してより大きな原子核を形成することを核融合という。

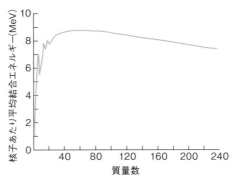

図 14-2　核子 1 個あたりの結合エネルギー

図 14-2 に各原子核の質量数とその原子核の核子 1 個あたりの結合エネルギーとの関係を示す。この図において，質量数 55 ～ 60 までは，ほぼ結合エネルギーが増加していくが，この質量数を境に逆に，減少していくことがわかる。質量数が 50 ～ 60 より小さいところでは，核融合を繰り返すことで結合エネルギーを放出し，より安定な原子核になる。しかし，質量数 55 ～ 60 以上の所では，質量数が増加するにつれて逆に結合エネルギーが減少しており，核がより質量の小さい核に分かれた方がこのエネルギーが増加するため核の安定化につながることを示している。

例えば，質量数 235 の原子核が質量数 120 程度の原子核 2 個に別れる（これを「核分裂」という）とすると，結合エネルギーは核子 1 個につき，ほぼ 0.8 MeV 程度を放出（安定化）することになり，核子全体ではほぼ 190 MeV 程度（0.8 × 235 ≈ 190）のエネルギーが取り出せることになる。

実際，^{235}U が核分裂すると，約 195 MeV のエネルギーが放出される（すなわち，このエネルギーを水蒸気の生成に使うことができる）。

このようにして得られるのが原子力エネルギーであり，このエネルギーを他のエネルギーと同様に，主として発電に使っている。

14-2　天然放射性物質と人工放射性物質

地球に存在する放射性物質には，大きく分けて天然放射性物質と人工放射性物質とがある。天然放射性物質には，主として放射能が半分になるまでの時間（半減期）の長いものや地球創世時からのもの，大気圏上層で宇宙線との核反応で生成する放射性物質などがある。

長い半減期を持つ天然放射性核種には，放射性壊変系列を有するものが多い。例えば，半減期が 1.405×10^{10} 年のトリウム-232 は，トリウム系列（4n 系列，4 で割ると余りが 0）の出発物質であり，α 線を放出（α 壊変）して，ラジウム-228 になる。その後，壊変を繰り返して，鉛-208 で安定となる。

また，ウラン-238（半減期 = 4.468×10^9 年）は，ウラン系列（4n + 2 系列）を形成し，次に α 壊変，β 壊変を繰り返してラジウム-226 になり，さらに α 壊変して，気体のラドン-222 を放出する。これが，良く耳にするラジウム鉱温泉やラドン温泉に使われる物質である。すなわち，ラドン温泉とは，ラジウム-226 が α 線を出して，ラドン-222（気体）になったものを含んだ温泉ということである。

このほかに，ウラン-235（半減期 = 7.04×10^8 年）を出発物質としたアクチニウム系列（4n + 3 系列）やネプツニウム-237（半減期 = 2.144×10^6 年）を出発物質にしたネプツニウム系列（4n + 1 系列）があるが，後者の系列は地球創世から 46 億年程度経過しているので，すでに消滅したと考えられる。例として，図 14-3 にトリウム系列とウラン系列の放射性壊変スキーム [1] を示す。

　次に，系列を持たない長半減期の物質として，カリウム-40（半減期 = 1.251×10^9 年）がある。これは，地上に広く分布しており，非放射性カリウムと同じ挙動をするため，カリ肥料やカリウム含有物質に広く含まれている。したがって，植物の3要素（窒素・リン酸・カリ）のカリの中にも入り込んでいることになる。

　さらに，地球上には，半減期が比較的短い放射性物質も存在する。例えば，炭素-14（半減期 = 5.70×10^3 年）や水素-3（トリチウム）（半減期 = 12.32 年）などである。これらは，大気圏の上層部で太陽からの宇宙線と大気中の物質とが核反応を起こした結果生成されるものであり，年代を通じてほぼ均一に存在すると見なすことができる。特に，炭素-14 は，年代測定に利用される。その原理は以下の通りである。

　炭素-14 が年代を通して均一の放射性濃度（比放射能）で存在すると仮定すると，植物が生きているときは，地上の炭素-14 濃度と平衡状態にあると考えられる。つぎに，この植物が死んでしまうとその時点で生命活動が止まるので，この植物中の炭素-14 の比放射能はこの時点から，5.73×10^3 年の半減期に従って，減少していく。例えば，ある土壌から出土した木片を検査した結果，現在の炭素の比放射能の半分の数値であったとすると，この植物はほぼ 5.70×10^3 年前のものと考えられる。したがって，同じ地層から出

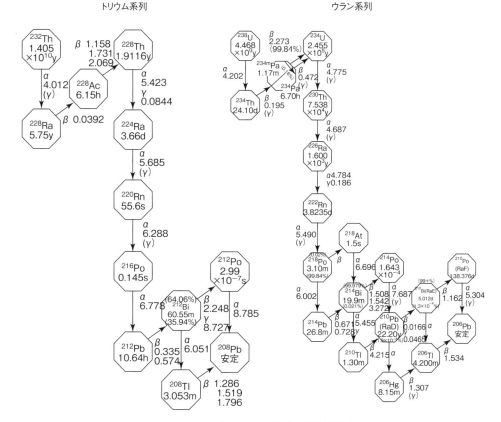

図14-3　トリウム系列とウラン系列の放射性壊変スキーム

土した木片や炭などは同じ年代（5.73 × 10³）のものと考えることで，その製造年代を推定できる。このようにして，考古学などの年代測定に役立っている。

また，カリウム-40 と炭素-14 とは環境に存在する代表的な放射能であるので，これに基づく放射能が人体中にも存在することになる。次のコラム 3 で一体どれくらいの量が存在するか考えてみよう。

コラム 3　人体中には放射能がどのくらい（何 Bq）あるのだろうか

　人体には質量で平均 18.0 ％の炭素と 0.20 ％のカリウムとが含まれている。体重 60 kg の人の体の中にあるカリウム-40 と炭素-14 との量は，何ベクレル（Bq ＝ 1 秒間に 1 個壊変すると 1 Bq，したがって，1 Bq ＝－ 1(dN/dt)）である。ただし，カリウム-39（非放射性）とカリウム-40 との同位体存在比＝ 0.012 ％，カリウム-40 の半減期＝ 3.9 × 10¹⁶ 秒，アボガドロ数＝ 6.0 × 10²³，体内の炭素-14 の 1 g 炭素あたりの比放射能＝ 15 dpm（1 分間に 15 個が壊変）とする。また，壊変定数（λ）に放射性原子の数を掛けると，Bq になる。

　これを計算してみると

　60 kg の体重中にはカリウム＝ 1.2 × 10² g が存在し，炭素は 10.8 kg 存在する。したがって，カリウム-40 ＝ 1.2 × 10² × 0.012 × 10⁻² ＝ 0.014[g] となる。

$$カリウム\text{-}40 の原子の数 ＝ (0.014/40)× 6.0 × 10^{23} ＝ 2.1 × 10^{20}（個）$$

「1 Bq ＝ 1 秒間に 1 個の原子の壊変」のことであるから，

Bq ＝－(dN/dt)＝ λN より（λ＝ 0.693T，λ＝壊変定数，T＝半減期）

$$∴ λN ＝(0.693/T)N ＝(0.693 × 2.1 × 10^{20})/(3.9 × 10^{16}) ＝ 3.7 × 10^{3} [Bq]$$

　また，炭素＝ 10.8 kg より，∴ (15/60)× 10.8 × 10³ ＝ 2.7 × 10³ [Bq]

　したがって，(3.7 ＋ 2.7)× 10³ ＝ 6.4 × 10³ [Bq]　　この人は，6,400 Bq の放射能を持っている。

　問題を解くと，人体には 60 kg の人で合計 6,400 ベクレル（Bq）の放射能が存在することがわかる。カリウム-40 の出す放射線エネルギーは，セシウム-137 の約 2.5 倍であることを考えると，人体にも環境レベルで問題となる程度の放射能が存在することになる。

　次に，人工放射性物質の製造には，サイクロトロンやシンクロトロンなど各種の放射性物質製造装置を用いる。人工放射性物質の多くは，研究用や医療用に使われる。例えば，以前行われたマルチトレーサ法では，中性子照射によってできた多くのトレーサ（放射性物質）を植物に同時に与え，その植物がどのような元素をどこに採り入れ，また，どのような代謝を行うかなどを解明している。さらに，ポジトロン・エミッション・トモグラフィー（PET）（日本語では「ポジトロン断層撮影法」）や「ポジトロン CT」とよばれている新しい検査法がある。この手法としては，患部と親和性のある半減期の短い放射性製剤を製造し体内に入れ，その製剤が出す放射線を追跡することで，患部の部位

の特定などに役立てるものである。がんなどの早期発見や部位の特定に利用されている。

14–3　日常生活と放射線

　私たちは，日常生活においても放射線を浴びている。ほとんどが太陽からの宇宙線と大地からの放射線である。晴れた日に外で1時間散歩をすると，0.1 μSv 程度の量の放射線を浴びる。放射線は，照射線量，吸収線量，実効線量（線量当量）に分類される。それぞれの意味は次の通りである。まず，ある線源から放射線が放射されたとすると，その量は「照射線量」ということになる。続いて，「その線量＝照射線量」がある物体にあたって吸収されたとすると，その量が「吸収線量」である。次に，「その線量＝吸収線量」がその物体（例えば人体）に影響を与えたとすると，その量が「実効線量」である。従って，照射されても吸収されなければ，吸収線量はゼロであり，吸収されても影響を与えなければ実効線量はゼロということになる。これらの単位は，照射線量［クーロン/kg，以前はレントゲン（R）］，吸収線量［グレイ（Gy），以前は rad（1 Gy = 100 rad）］，実効線量（線量当量）［シーベルト（Sv），以前は rem（1 Sv = 100 rem）］である。ここで，一般に浴びる放射線については，γ 線を想定して Gy = Sv の近似ができる。公共機関から出されている数値のほとんどは，Sv として報告されている（以前は，グレイ（Gy）が一般的であった）。また，かなり粗い近似としては，R = rad = rem の関係を適用することもできる（これについては章末に詳しく記す）。

　一般に公共機関から出されている放射線量のほとんどが，0.05 μSv/h 程度である。福島県などで一部これより明らかに高い線量の報告があり，6年以上経過しても，減少はしているものの未だ高いところがあるが，これは，原発から出された放射性物質の影響と考えられる。しかし，上に記したように，晴れた日に外で1時間いると 0.1 μSv 浴びることを考慮に入れた判断も必要であると考えられる。ここで，日本人1人あたりどの程度

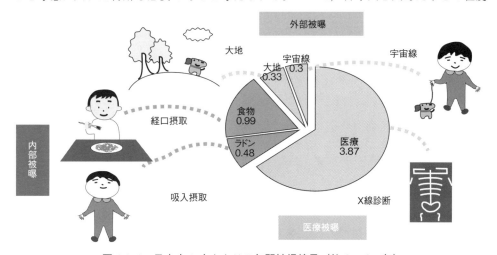

図 14–4　日本人1人あたりの年間被爆線量（約 6 mSv/年）

の放射線を浴びているのかを図14-4に示す。この図から，年間被曝線量（約6 mSv）の6割以上が医療被曝によるものであることがわかる。

　また，日本では地域性があり，一般に西の地域ほど射線量が高いことが知られている。さらに，地下鉄に乗車すると，通過する場所によっては線量の高い場所があることもわかっている。東京駅や八重洲地下街付近では高く，赤坂見附や表参道付近では低い。明治神宮本殿前あたりは高く，大鳥居付近では低い。しかしながら，何れも $30 \sim 70$ nGy/h（1000 n $= 1\mu$）程度であり，健康上の問題はないといえる。（ここで，Gy $=$ Sv と置き換えてもよい。）

中国広東省高自然放射線地区での調査

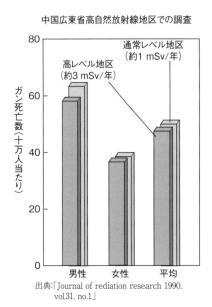

ラドン温泉周辺住民のがんリスク

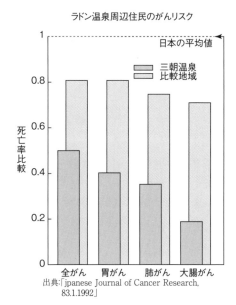

出典:「Journal of rediation research 1990. vol.31. no.1」

出典:「jpanese Journal of Cancer Research, 83.1.1992」

図14-5　放射線ホルミシスの例

表14-1　航空機旅行に伴う宇宙線による線量

出発地	到着地	飛行時間 (Hr)	線量 (mSv) (A)	自然放射線との比較	
				自然放射線による被曝 (mSv)(B)	(A)/(B)
ロサンゼルス	ホノルル	5.2	0.022	0.0012	18
東京	ロサンゼルス	8.8	0.046	0.0020	23
リスボン	ニューヨーク	6.5	0.041	0.0015	27
ロンドン	ニューヨーク	6.8	0.049	0.0016	31
サンフランシスコ	シカゴ	3.8	0.029	0.0010	29
東京	ニューヨーク	12.2	0.091	0.0028	33
ロンドン	ロサンゼルス	10.5	0.080	0.0024	33
ニューヨーク	東京	13.0	0.099	0.0030	33
ロンドン	シカゴ	7.8	0.062	0.0018	34
アテネ	ニューヨーク	9.4	0.093	0.0022	42

（米国運輸省　1989）

　なお，放射線を浴びるとがんなどの発生リスクが低下する（放射線ホルミシス）という報告がある。ホルミシスに関する定量的な基準やはっきりとした報告などは，少ないようであるが，発がんに対するこれまでの例を図14-5に示す。この図において，左は中国広東省，右は三朝温泉（鳥取県）でのデータである。

　さらに，飛行機で旅をすると，放射線を多く浴びるが，どの程度の線量かを表14-1に示す。この表を見ると，ニューヨーク→東京13時間で，ほぼ0.1mSvを浴びていることがわかる。この量が大きいか小さいかは，当事者が得る利益とそのためのリスクとをどのように考えるかによるところが大きい。すなわち，個々のリスク管理が重要ということになる。

14-4　放射線被曝（体外（外部）被曝と体内（内部）被曝）と健康影響

　放射線と放射能とは，はっきりとした違いがあり，放射線とは「空間を伝わっていくエネルギーの流れのある形態で，その実態は，光子・電子・陽子・中性子・ヘリウムの原子核（α粒子）といった素粒子またはその簡単な結合体」，言い換えると「素粒子またはその簡単な結合体が運動エネルギーを持って物質のあるなしにかかわらず空間を飛び交っているもの」，のことで，放射能とは「放射線を放出する能力があるという物質の一般的性質」を意味する。各種放射線の一般的性質を図14-6に示す。この図から，各放射線の透過力はさまざまで，その放射線に合った遮蔽をしなければならないことがわかる。また，鉛は，α線，β線，γ線の全てに有効であるように考えがちだが，放射性物質によっては，制動放射線などを出すため，かえって適さない場合がある。特に，中性子の場合は注意が必要である。

　図14-6に示した放射線が，人体に与える影響は大きく体外被曝（外部被曝）と体内被曝（内部被曝）とに分けられる。これらの被曝の特徴や被曝に対する対処方法は，その放射線が何であるかによって大きく異なる。そこで，その対処法について簡単に述べる

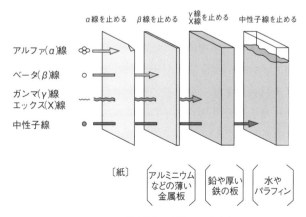

図14-6　放射線の種類と透過力

ことにする。

(1) 体外被曝

まず，一般の α 線は，空気中を飛ぶ距離（飛程）が数 cm 程度であり，水中では空気中の 1/500 程度，皮膚の表層から 0.2 mm 程度でそれぞれ止まってしまうため，体外被曝による障害は β，γ，X の各線と中性子線などによるものが主である。この障害を防ぐために時間・距離・遮蔽の 3 つの原理がある。それぞれ以下に示す。

(a) 時　間：受ける被曝量（線量）は，その場所にいる時間の長さに直接比例する。

$$（線量）＝（線量率）×（時間）　　　（線量率：単位時間あたりの線量）$$

(b) 距　離：点線源から距離 r の所の線束（単位面積あたりの線量）は，r の 2 乗に反比例する。ここで，D を線源から r だけ離れた所での線量率とすると，以下のようになる。

$$D = k × (1/r^2)　　　∴　Dr^2 = k　　（k：比例定数）$$

(c) 遮　蔽：遮蔽については，β 線と γ 線とに分けて考える。

① β 線の遮蔽　　一般には 2 MeV より小さいエネルギーのものが多いので，これについて考える。計算すると，2 MeV の β 線は密度 1 の物質中を約 1 cm 進むことができることがわかる。したがって，1 cm 厚のプラスチック板（ほぼ密度 1）で止めることができる。実験などでは，厚さ 1.0 ～ 1.5 cm の無色のプラスチック板を遮蔽材として使うことが多い。

② γ 線の遮蔽　　γ 線は非常に透過性が強く，飛程も大きい。ここで，ある物質（厚さ x cm）に入射する前の強度 I_0 の γ 線を考える。その物質の吸収係数を $μ$ [cm^{-1}] とすると，物質通過後の γ 線の強度 I は次の式で与えられる。

$$I = I_0 \exp(-μx)$$

なお，それぞれの物質について，放射線の強さを半分にする厚さが求められている。例えば，コバルト-60 の γ 線の強さを半分にする鉛の厚さ（半価層）は 1.25 cm である。そこで，線量率が 1.6 mSv/h であるコバルト-60 の γ 線を，0.1 mSv/h にするための鉛の厚さを求めると，線量率を 1/16 にすればよいから，$1/16 = (1/2)^4$ となり，$1.25 × 4 = 5$ となるため，5 cm の厚さの鉛が必要になる。

③ 中性子線の遮蔽　　中性子は電荷を持たないため，原子核に容易に近づくことができる。中性子が原子核と衝突すると，玉突きの玉のようにはね飛ばされる。したがって，水素などの軽い元素は，中性子と質量が似ているため，弾性散乱によって中性子のエネルギーを受け取り易く，その結果として，中性子を減速させることができる。そこで，遮蔽材として，軽い元素を多く含むパラフィン，水，コンクリートなどが用いられる。原発で中性子の減速用に水プールを用いるのはこのためである。

また，中性子を捕獲するためにホウ素が用いられることがある。福島原発では緊急事態として，ホウ酸水を原子炉の中に注入した。これは，ホウ素が中性子を吸収する能力が高いことを利用して中性子を吸収させ，その結果中性子による新たな核

分裂反応を抑制することで，核分裂反応が続く「臨界」を防ぐためである。

(2) 体内被曝

体内での被曝は，放射性物質が体内に取り込まれたために起こるもので，進入経路としては次の3つがある。

(a) 汚染空気の直接吸入 → 肺へ

(b) 経口摂取 → 消化管へ

(c) 皮膚からの浸入または傷口からの汚染 → 血流へ

なお，放射性物質の化学形（単体，化合物，ポリマー，など），物理的状態（気体，液体，固体），個人の生理的状態などが変化すると，被曝の程度も著しく変わる。

①放射性物質の排出　　体内に入った放射性物質は，体内に均等に分布するものと特定の器官に濃縮されるものとに分かれる。体内から排出される放射性物質の速さは，放射性物質の減少と同じく指数関数的に推移することがわかっている。そこで，体内から除かれる放射性物質の速さを求める。体内に入った放射性物質は，そのものが持っている半減期（物理学的半減期：T_p）と生物学的排泄による半減期（生物学的半減期：T_b）の2つの過程で減少していく。ここで，実効半減期（T_e）を考えると次式が成り立つ。

$$1/T_e = 1/T_p + 1/T_b$$

実効半減期とは，初めの放射性物質の量が，その物質自身の壊変と生物学的排泄との2つの過程で，1/2になるまでの時間を意味する。上の式で，各放射性物質の T_p はいろいろなデータ集に記載されているので，T_b がわかれば，その放射性物質が体内に留まる時間を計算できることになる。次に，器官選択性の元素について記す。

・**骨に集まりやすい元素**

向骨性元素（Bone seeker）とよばれる元素であり，主に骨を形成する元素がそれにあたる。例えば，以下の元素などである。これらは，元素として体が選択するので，放射性・非放射性に関わらず骨に取り込まれる。

P, Ca, Ni, Sr, Y, Zr, Nb, Sn, Sb, Ba, Ce, Pm, Sm, Eu, Gd, Tb, Tm, Rb, As, Th, Ra, U, Np, Pu, Am, Cm, Bk, Cf

・**その他の器官に濃縮されやすい元素**

ヨウ素（甲状腺），水銀（腎臓），セシウム（筋肉，全身），金（肝臓，脾臓，骨髄），プルトニウム（肺，肝臓，骨，リンパ節），鉄（骨髄）

②急性障害と晩発障害　　放射線を浴びるとその程度によっていろいろな症状が現れる。すぐに現れるものを急性障害（主に，確定的影響）といい，一般に数年～数十年程度で現れるものを晩発障害（主に，確率的影響）という。

ICRP Pub.96によると，実効線量で10 mSv以下では急性影響はなく，晩発影響と

しては非常にわずかながんリスクの増加，その後 100 mSv までは急性影響はなく，晩発影響としては 1％未満の癌リスクの増加，同様に 1,000 mSv までは，吐き気・嘔吐の可能性・軽度の骨髄機能低下，およそ 10％のがんリスクの増加，1,000 mSv 以上では，急性障害としては吐き気・骨髄症候群の可能性，4,000 mSv の急性全身線量を越えると治療しないと死亡リスクが高まると共に晩発障害にはかなりの癌リスクがある（表14-5参照）。

　また，晩発障害には，発がんがあり，発症までの期間は人によってかなりの差が見られる。急性障害は浴びた線量によって現れる障害が異なっているが，晩発障害では現れる症状は線量に関係がなく，発症確率が浴びた線量に比例して高くなる。

　人の体には，放射線などで損傷を受けると，その部分を修復する能力があり，多くの場合は修復されるが，修復不能のときはその部分が死んでしまう（自殺効果）。しかし，修復時に情報が正しく補完されないとがん化していく場合がある。がん化するまでにはいろいろな過程を経るが，この過程には個人差がある。なお，上の例ではそれぞれの段階において回復期がある。しかし，浴びた線量が多くなると回復期に向かう確率は低下する。

14-5　食品の放射性物質汚染と新規制値

　福島原発事故で多く出された放射性物質について考えてみる。放出されたものは，主にストロンチウム-90，テクネチウム-99m，ヨウ素-131，132，133，セシウム-134，137，テルル-132 などである。それぞれの半減期は，ストロンチウム-90 が 28.74 年，テクネチウム-99m は 6.01 時間，ヨウ素-131，132，133 はそれぞれ 8.02 日，2.3 時間，20.8 時間，セシウム-134，137 はそれぞれ 2.06 年，30.04 年，テルル-132 は 3.2 日である。一般に，放射性物質の影響は 8 半減期以上経過すると 250 分の 1 程度になり，環境中に放出された放射性物質の影響はほぼなくなると考えて良い。したがって，以上のもので影響が長く続くものは，ストロンチウム-90 とセシウム-134，137 である。ストロンチウム-90 は原子炉付近で検出されており，ある程度距離が離れるとほとんど検出されていない。長期間問題になるのがセシウム-134，137 である。セシウム-137 は 1960 年代に盛んに行われた旧ソ連とアメリカとの核実験で世界中に分散しており，その影響はまだ残っている。セシウム-134 は半減期が比較的短いため，核実験の影響はすでになくなっていると考えられる。そこで，もし，セシウム-134 が検出されれば福島原発の影響があると考えられる。もし検出されなければ，以前からのセシウム-137 のものである可能性が高い。このように，いろいろな放射性物質の検出データを基にどの時点での影響かを判断することが可能となる。なお，セシウムの生物学的半減期は約 70 日である。

基準値
　厚生労働省から出された長期的観点による新たな基準値（新基準値）[2] の概要を表14-

表14-2　食品中の放射性物質の新たな基準値

放射性セシウムの暫定規制値（単位：ベクレル/kg）

食品群	野菜類	穀類	肉・卵・魚・その他	牛乳・乳製品	飲料水
規制値		500		200	200

※放射性ストロンチウムを含めて規制値を設定

放射性セシウムの新規準値（単位：ベクレル/kg）

食品群	一般食品	乳児用食品	牛乳	飲料水
規準値	100	50	50	10

※放射性ストロンチウム，プルトニウムなどを含めて規準値を設定

2に示す。

この数値は，放射性物質を含む食品からの被曝線量の上限を，5 mSv/年から1 mSv/年に引き下げ，これをもとに放射性セシウムの基準値を設定したものである。この基準値では，福島原発事故で放出された放射性物質のうち，半減期が1年以上のすべての放射性核種（セシウム-134，セシウム-137，ストロンチウム-90，プルトニウム，テルニウム）を考慮している。ここで，セシウム以外は測定に時間を要するため，新基準ではセシウムと他の核種の比率を用いて，すべてを含めても被曝線量が1 mSv/年を超えないように設定されている。

ここで新基準値の1 mSv/年を浴びた場合について，晩発障害として，将来がんになる確率がどのようなものか検証してみる。

まず，図14-7に，浴びた線量に対する確定的影響と確率的影響との関係を示す。

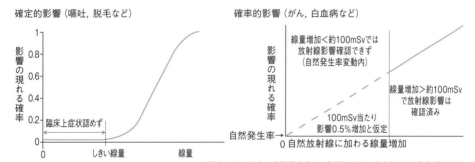

（注）＊がん死亡の自然発生率は，年間10死亡のうち約3（％確率 約30％）

http://www.rist.or.jp/atomica/data/fig_pict.php?Pict_No=09-02-03-05-07

図14-7　線量と確定的影響（および確率的影響）との関係

なお，確定的影響では，しきい値が存在し，急性被曝などが相当する。また，確率的影響では，浴びた線量に比例した形で発生率が上昇し，発がんなどが相当する。

この図を理解する上で，次の考え方をとる：① 100 mSv/年以上の被曝では，放射線の影響が確認されている；② 100 mSv/年以下では確認されていないが，安全側を見て100 mSv/年での影響が線量に比例して現れる。すると，100 mSv/年当たり，影響が0.5％増加と仮定できる。したがって，年間1 mSvを浴びた場合，次の計算ができる。

10,000人が1 mSv/年を浴びた場合：

$$10000 (人) \times (1 (mSv)/100) \times 0.5 (\%) \times 10^{-2} = 0.5 (人)。$$

がんの自然発生率が10,000人に対して3,000人であるとすると，この場合，総計で

3,000.5 人ががんになる可能性があることになる。つまり，自然発生のがん 3,000 人に 1 mSv/年を浴びたことによるがん発生 0.5 人が加わるということになる。

　また，放射線を一度に全身に受けたときに現れる症状と浴びた放射線の量との関係を表 14-3 に示す。ここで，グレイ（Gy）をシーベルト（Sv）の置き換えると確率的影響との対比ができる。

表 14-3　放射線の全身被曝による線量と症状との関係

X(γ)線の量(mGy)	症状
100 以下	医学的検査で症候が認められない
250	白血球が一時的に減少するしきい値
500	白血球が一時的に減少し，やがて回復
1,000	吐き気，嘔吐，全身倦怠，リンパ球著しく減少
1,500	50 ％の人が放射性宿酔（二日酔いに似た症状）
2,000	5 ％の人が死亡
4,000	30 日以内に 50 ％の人が死亡
6,000	2 週間以内に 90 ％の人が死亡
7,000	100 ％の人が死亡

14-6　原子力発電と事故―東京電力福島第一原子力発電所の事故例，計算例など

　稼働中の原子炉を安全に停止させるには，「止める・冷やす・閉じこめる」の 3 つが全て完了した時点で安全停止ということになる。そこで，福島第一発電所の場合は以下のようであった。

　その前に，一般の原発で使っているウラン-235 について考えてみる。天然に存在するウランには，ウラン-234，235，238 が含まれる。その割合はそれぞれ，0.0057，0.7196，99.276 ％である。そこで，ウラン-235 を効率よく核分裂させるために 5 ％程度まで濃縮したものを使っている。これが濃縮ウランである。ウラン-238 はウラン-235 の核分裂で生じた中性子を吸収してしまう性質があるため，238 が多いと核分裂が続かず反応は止まってしまう。そこで核分裂が定常的に続くように（臨界が継続するように）濃縮ウランを使う。福島第一原発の場合は，地震後に原発自体は停止したが，津波により冷却機能が麻痺し，高温状態のままであったため，ペレットと呼ばれるウラン化合物を小さな円筒状に詰めた管壁が高温になり，水と反応した結果，水素が多く発生し，その水素に引火して水素爆発を起こしたものである。そのとき，管が破損した結果，管内に閉じこめられているはずの核分裂物質が一緒に飛散した。したがって，十分に冷やすことがいかに重要であるかわかる。しかし，今回の爆発は，チェルノブイリ事故とは違って，原子炉自体が爆発したのではないので，それよりもずっと少ない量の飛散であった。最後の「閉じこめる」であるが，「冷やす」ことを定常的に行うことで原子炉を「冷温停止」する，すなわち，放射性物質が外部に放出されないように「閉じこめる」，というように原子炉を段階的に

停止させなければならない。

　中越沖地震で，世界最大の柏崎刈羽原子力発電所が停止したが，そのときは「止める・冷やす・閉じこめる」を安全に行うことで放射性物質の飛散を防ぐことができた。いかにこれらの操作が重要であるかわかる。

　次に，図14−8に中越沖地震で，柏崎刈羽原子力発電所敷地内での被害状況を示す。耐震としては重要度の低かった道路や一般事務棟などが大きな被害にあった。また，地中に埋設していた消火用水の配管が破損し（図14−8左図），消化活動ができなかった。そのため，変圧器からの出火（図14−8右図）を抑えることができず，この映像はインターネットなどで世界中に放映された。。

　なお，原子力施設を作り，稼働するには，原子力規制委員会の厳しい基準にクリアしな

図14-8　中越沖地震による柏崎刈羽原子力発電所内での被害状況

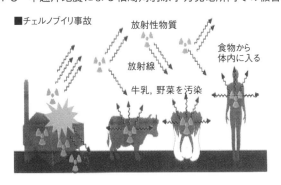

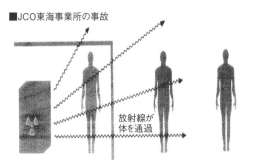

図14-9　チェルノブイリ事故とJCO事故との相違

ければならない。また，地震に耐えなければならない基準が施設ごとに異なっている。原子炉やそれに関する施設の基準が最も厳しく，万一の時にも原子炉関係は破壊されないように基準が定まっている。以上のような基準を守っていても，想定外の巨大地震に伴う津波には，結果として「冷やす」の面で無力であったことになる。

　次に，1986 年に起こったチェルノブイリの事故では原子炉が破壊されたため，放射性物質が飛散したもので「放射能漏れ」であり，JCO の事故は撹拌層にたまったウランが臨界になり，放射線を放出した「放射線漏れ」である。したがって，JCO の事故では，放射線源を取り除くことで，事故が終息に向かった。しかし，チェルノブイリ事故では30 年以上が経過してもその処理は途中段階であり，周辺住民は未だに避難している。

　この章で主に取り上げたセシウム-137 とヨウ素-131 について以下に整理しておく。

　セシウムは同じアルカリ金属であるナトリウムやカリウムと似たような挙動をとり，特にカリウムの挙動とは良く似ているが，クラーク数から見ると，カリウムは 2.4 %，セシウムは 0.0007 % である。セシウムの植物への移行については，研究レベルでは 0.1 〜1 % 程度であるとの報告があり，公的機関でもこれまでは 0.2 % 程度として扱っていたようである。

　また，セシウム-137 は 14-4 でも述べた通り，全身（一部は筋肉）に分布し，その後は生理機能とともに排出され，特定の器官に濃縮する傾向はない。したがって，数日程度摂取したとしても，その後 1 年半程度経過すればほとんどが排出されるため健康に影響を及ぼさないと考えられる。また，ヨウ素-131 は主に甲状腺に取り込まれ，この影響は若い人ほど大きい。しかし，日本人は，内陸の人より海産物を多く摂取するため，甲状腺は

表 14–4　放射線・放射能のいろいろな標記方法と定義

項　目	単 位 名	記 号	定　　　義
放 射 能	ベクレル	Bq	1 秒間に 1 個の壊変
	キュリー	Ci	1 秒間に 3.70×10^{10} 個の壊変
放射線のエネルギー	電子ボルト	eV	電子が 1 ボルトの電圧で加速されて得る運動エネルギー
照 射 線 量	クーロン毎キログラム	C/kg	空気 1 kg 中に 1 クーロンのイオンをつくる γ(X)線の量
	レントゲン	R	空気 1 kg 中に 2.58×10^{-4} クーロンのイオンをつくる γ(X) 線の量
吸 収 線 量	グ レ イ	Gy	1 kg あたり 1 ジュールのエネルギーの吸収があるときの線量
	ラ ド	rad	1 kg あたり 1/100 ジュールのエネルギーの吸収があるときの線量
実 効 線 量	シーベルト	Sv	吸収線量（Gy）×線質係数×修正係数
	レ ム	rem	吸収線量（rad）×線質係数×修正係数

常に多くのヨウ素が存在しているので，放射性ヨウ素が原因で甲状腺障害になる可能性は比較的少ない。日頃からの海産物摂取が予防になっている。それぞれの測定については，セシウム-137はゲルマニウム半導体検出器を使って行い，放射性ヨウ素はNaI(Tl)シンチレーション検出器を用いた放射性ヨウ素測定法に沿って行う。詳細は文献 3) を参照してほしい。

　次に，この章で取り上げた放射線・放射能の定義・単位について表14-4に記す。テレビや新聞など良く見聞きするものであるが，物理的な意味をしっかりと覚え，自分なりに放射線・放射能を理解するのに役立ててほしい。

　最後に，福島原発事故で放出され，現在も主な放射能汚染の原因であるとセシウム-137の人体に与える影響について定量的に理解するために，次のコラム4について考えてみよう。

　以上の2つの例題から，問題となっているヨウ素-131とセシウム-137とが体内に与える影響について定量評価ができた。この値を断定基準値の20 mSv/年などと比較すると，影響の大きさを考える1つの指標になる。また，この例を基に，実際の数値評価をすることができるので試みてほしい。

コラム4　人体に与えるセシウム-137の影響はどのくらい（mSv）だろうか

　基準値のセシウム-137（10 Bq/L）を含む水を 2.65 L（2.65 L は成人の1日平均摂取量）飲んだ場合，体内に及ぼす影響はどのくらいか。

　[計算してみよう]

　原子力安全委員会 4) からの表によると，セシウム-137の実効線量係数は

$$1.3 \times 10^{-5} \, (\text{mSv/Bq})$$ であるので，これを用いて計算すると

$$10[\text{Bq/L}] \times 2.65[\text{L}] \times 0.013 \times 10^{-5}[\text{mSv/Bq}] = 0.34 \times 10^{-2}[\mu\text{Sv}]$$

となる。

　なお，これらの例題で使った値は，原子力安全委員会から出されているもので，Web上でも公開されているので，参考にしてほしい。

　また，Sv，Gy，rem，rad や γ 線と X 線の違いなどについて，コラム5に示す。

■ 参考文献

1) 日本アイソトープ協会編，『アイソトープ手帳（11版）』，丸善（2011）.

2) 厚生労働省医薬食品局食品安全部.

3) 厚生労働省医薬局食品保健部監視安全課マニュアル.

4) 原子力安全委員会，「放射線モニタリングに関する指針」（平成13年3月一部改訂）.

コラム5

「シーベルト(Sv)」と「グレイ(Gy)」

　表14-6に示した通り，Svは実効線量の単位でGyは吸収線量の単位である。さらに，吸収線量とは，物質が放射線を浴びた結果，得られるエネルギーのことである。また，実効線量とは，その得られたエネルギーが現す効果を意味している。一般に，放射線はGyで表され，公的機関から1時間あたりの値として発表されている。

　人への放射線の影響を表すときは，実効線量(Sv)を使う。これは，人体が放射線を吸収しても，その放射線の種類やこれを吸収した部位で，影響が異なるからである。一般には便宜上，浴びた空間線量値に0.8を掛けた値が実効線量として使われることが多い。

「シーベルト(Sv)」と「レム(rem)」，「グレイ(Gy)」と「ラド(rad)」

　表14-6に記したように，以前は「レム」と「ラド」を使っていたが，その100倍量の「Sv」と「Gy」を使うようになった。したがって，それぞれ以下の関係にある。

$$1\,Sv = 100\,rem,\ 1\,Gy = 100\,rad$$

　また，空間線量値として，ナノグレイ(nGy)を使うが，「ナノ(n)」＝ 10^{-9} のことであり，「マイクロ(μ)」＝ 10^{-6}，「ミリ(m)」＝ 10^{-3} ある。

「毎時シーベルト」とは

　人体が受ける実効線量を，1時間あたりの量として表したもの。この値に浴びた時間を掛けると，その間の影響が実効線量として得られる。

「γ線」と「X線」

　γ線の正体は電磁波であり，これは一般の光やX線と同じ種類である。X線が原子から出てくるのに対し，γ線は原子核から出てくる。γ線は単独で出てくることはなく，α線やβ線などが出た後の原子核の励起状態を解消（脱励起）するために（原子核から）出される。

　なお，α線の実体は「ヘリウムの原子核の流れ」，β線は「電子（陰電子または陽電子）の流れ」である。

15
命を支えあう生物多様性

15-1　生物多様性とは

　緑につつまれた里山林，そこには多くの木々や草木の葉っぱが生い茂り，その葉を蝶や蛾の青虫や毛虫が食べ，小鳥たちはその虫たちを啄ばむ。秋，リスやノウサギたちは木々から落ちるどんぐりや栗の実を食べ，脂肪を蓄え冬支度をする。彼らが森に排せつした糞は小さな虫たちや微生物がきれいに食べつくしてくれる。

　朽ちた葉や枯れ木は白アリやダンゴ虫，微生物によって分解され，腐植土となり，木や草木の栄養となる。木々の間を飛び交う蝶々やハチは花粉を運び，花の受粉を手伝い，結実をもたらし，鳥たちが運んだ実から，翌春には小さな芽が出る。

　森を濡らす雨は幹を伝い地表から地中へともぐり，やがて地下水となり，湧き出でて小川から大きい川へ，海へと流れる。小さな魚や沢蟹はミズゴケや小さな水生昆虫を食べ育み，水生植物は酸素を供給し，微生物は活性化され汚れをきれいにし，岩魚やアユが棲み，サケが遡上する清流となる。そして私たちは清流を水源とする水道水で日常のくらしが営まれる。太陽の陽射しを浴びた森の木々の葉は炭酸ガスを吸収し酸素を生成，長く張った根茎は土や石を包み込みそこに水を貯留し，生き物たちの生命の源，酸素と水を生み出してくれる。

　里地の田んぼや畑では収穫されたお米や野菜は私たちの食卓を豊かにする。この里地・里山に生命をもつ多種の生物は互いに関係し，影響しあいながら自然全体のバランスをとっている。

ヤマメ

　もし，森に小鳥たちの囀りが聞こえなくなったら，虫が増え，光合成によって炭酸ガスを吸収，酸素を出し，木々の成長のための栄養を造る葉は食いつくされ，花も咲かず，実は無く，種子として新しい芽を出すものを失い，リスやノウサギの餌も無くなり，やがて森は緑を失い，枯れ木と静寂さだけが残るであろう。いろいろの生き物が，食物連鎖や，共生というつながりを持ちながら，多様な生物の世界が築かれている。

　また，その森や里には数千キロメートルを飛んできた渡り鳥が，川には同じように数千キロメートルもの先の海洋で生まれ育ったウナギも，海辺には海原を遠くからウミガメが泳いで産卵のために国境を越えてやってくる。

　このような「つながり」を持つ多様な生物の世界，いわゆる「生態系の多様性」である。そこには，トンボや蝶が飛び，鳥が囀り，タヌキやキツネ，ウサギが遊び，餌を探し，スミレやタンポポが咲く野があり，いろいろな種類の生きる物いるという「種の多様性」，そして，ゲンジボタルでも2秒間隔で発光を繰り返すタイプ，3〜4秒間隔で発光を繰り返すタイプなど，同じ種の中でもそれぞれ異なる遺伝子の違いがあるという「遺伝子の多様性」の3つの概念がある。

ニホンタンポポ

　ところが，私たち人間は，世界各地で多くの森林の伐採，農地化，都市化などの開発行為や，逆に森林を荒れ放題に，あるいは農地を放棄し荒れ地化している。それによって生態系を破壊し，地球上の多くの生き物たちを危機的状態に追いやっている。もう一

度人間も含め地球上の生き物は，それぞれが網の目のように様々な関係を持ちながら互いにつながり合っていることをあらためて認識し行動しなければならない。

15-2　生物多様性の恵み

　私たちは毎日木で造られたテーブルと椅子，料理された野菜・魚・肉の食事，木々の緑に潤いを感じ，花の美しさに感動し，時には自然と一体となった伝統文化も楽しむ。またそのために農業・林業・水産などの農水産業や家具・家庭用品・電化製品など造る多くの産業がある。

　自然は家や家具を作る木々を育て，新聞紙や本の紙になるパルプ材料をわれわれに恵んでいる。洋服やいろいろの衣類は綿やカイコの絹糸から，さらには石油化学製品から作られる。これらの衣食住は全て自然に由来した，生態系サービスの贈物であることを忘れてはならない。

（1）酸素の供給

　植物は大気中の二酸化炭素（CO_2）と根からは水を吸い上げ，太陽光のもとで光合成により炭水化物を作り酸素を放出している。その酸素濃度は21 ％である。元気な森林は二酸化炭素をたっぷり吸収し，多くの生命体に酸素を供給している。

（2）水の供給

　湖沼，河川，海あるいは緑地から蒸散した水分は雲となり，やがて雨として地上に降り注ぎ，森林に降った雨はやわらかいスポンジのような土壌や苔に浸透し，ゆっくりと浄化されながら地下水脈にたどりつき湧水や伏流水として地上に現れ生命の水となる。水の循環である。水道水源，農業用水，工業用水，発電用水に使われる。そして海の恋人の森は水を蓄え，鉄などのミネラル，窒素やリンの栄養塩類を含んだ水を少しずつ川に流し，海辺の植物プランクトンや藻を育て，魚場を育てる。

（3）健康な土壌

　森林の落葉，枯れた植物，生き物の死骸を無数の小動物や良好な微生物が分解し，栄

養豊かで健康な土壌が形成される。そのような土壌で森林が育み，農地では多種多様な作物が生産され，よく育った牧草は牛や馬の糧となる。

（4）食料の供給

私たちはご飯，野菜，果物，魚，肉などを，生物多様性の恵みであることを特に考えることなく，日常食べて健康な生活を送っている。しかし野菜や果物は窒素，リン酸，カリウムなどの必須多量要素の他に鉄やホウ素などの必須微量要素が植物にとって必要量があり，良好な微生物が繁殖する健康な土壌環境で育つ。植物はアブラムシやアオムシなどの種々の虫の食害を受けるが，それらの虫の捕食者であるカマキリやてんとう虫，クモなどの益虫もいる。カエルも大事な虫の捕食者である。このように微生物，虫を食べる益虫，カエルなどの小動物とのつながりをもちながら農作物は生産されている。

海の小エビや小魚は植物性プランクトンを食べ成長し，その小魚をやや大型の魚が食べるという食物連鎖の中で捕食者が大型化して行く。アワビやウニは海藻を栄養源として育つ。またその海藻は魚の隠れる場所ともなる。われわれはその恵みをいただいているのである。

（5）森からの恵み

森は多くの恵みを生き物たちに与える。木々の花はハチに蜜を与え，小鳥に木の実と塒（ねぐら）を与え，排せつした種子は違う場所から幼芽を出し成長する。種子を蒔いてくれるのは，小鳥だけでなく，リス，タヌキ，ウサギ，シカやクマなどもいる。樹幹の間からは山菜やキノコが生え私たちの食卓を潤す。昔は森の手入れが良く間伐が行われ，木炭や薪として燃料に使われたが，今は人々が森に入ることが少なく木々との会話がなくなった。成長した木は木材に加工され家や学校等が建てられたが，海外からの輸入材にコストの面で負けてしまった。でも山間の木工所に出かけると欅や栃の木を細工して立派な家具が作られている。新聞紙や本の紙も森林がその素材を提供している。そして森は水を蓄え，酸素を供給し，空気をきれいにしてくれる。

（6）医薬品の恵み

初夏に房状の紫色の花を咲かせる蔓草の葛（クズ）の根は貴重な葛デンプンとなるが，その根茎は漢方薬の葛根（カッコン）と称して風邪薬に配合して解熱，発汗を促す。漢方薬の葛根湯（カッコントウ）がその代表である。同じように2300年前のヒポクラテスの時代からヤナギの木の皮を煎じて解熱鎮痛に用いられていたが，後にその成分はサリチル酸とわかり，アスピリンも生まれた。

肺炎や破傷風，敗血症に治療効果のあるペニシリンは青カビから，また結核菌に効果があるストレプトマイシンは土壌細菌の一種放線菌から発見された。植物や微生物からその医薬成分が見つかり，さらにその構造骨格をもとに化学合成開発が進められ多くの医薬品が誕生している。

（7）生物模倣テクノロジー： Biomimicry

ハスの水滴がコロコロころがる撥水効果から凹凸の表面構造を模倣した防水服や用具，

クモが糸をつくる遺伝子をカイコの遺伝子に組込み，カイコにクモ同様の糸をつくらせるなど，自然の生物の動き，形態・構造や化学プロセスを模倣したものづくりが進んでいる。時速 100 km 以上の速さで泳ぐカジキの皮膚の構造から競泳用水着が，また蚊の針から痛くない注射針など，多くの生物模倣科学を駆使した製品が市場に出ており，これからも大いに期待される。

（8）自然と伝統文化・芸術

　私たちの祖先は自然との共生のなかでいろいろの伝統文化を築き，今に受け継がれてきた。田畑の害鳥，害虫を追い払い，豊作を願う“鳥追い”の行事や稲田の苗代づくり，田植え，稲刈りなどの所作を舞踊化し，作業の情景が順番に踊られていく“田植踊”，農耕に欠かせない牛や馬に感謝するチャグチャグ馬コ（岩手県滝沢村）など各地域のそれぞれの伝統行事がある。またその風土の中で生まれた織物，染色，陶芸，和紙づくり，人形づくり，木工芸術，鋳物や金属加工芸術などがある。里山・里地，海辺の風景や人々の暮らしを描いた数多くの絵画が生まれ，詩も詠まれた。

15–3　生物多様性と進化

　地球は約 46 億年前に誕生した。どろどろに溶けた溶岩の世界であった。高温だった地球創生期の原始大気の組成は水蒸気 80 %，二酸化炭素 10 %とわずかな二酸化硫黄，塩化水素，水素，窒素であったと考えられている。酸素は無かった。地球が冷却し始めて，大気中の水蒸気が凝結して海ができた。

　この海で水素や炭素などの物質が結びつき，有機物が作られ，有機物が結合しあい原子生命体が 40 〜 38 億年前に生まれた。地球上の生きものは，生命が地球の原始海洋に誕生してから 10 億年後の 30 億年前に原子の海に光合成を行うラン藻類が出現，海水中の二酸化炭素を取り入れて光合成により酸素を放出した。地球大気に大量の酸素を放出したのはシアノバクテリアと呼ばれるラン藻類が群生した岩石ストロマライトであった。

　酸素からオゾン層が形成され，有害紫外線が直接地球に降り注ぐことが妨げられ，大

気中の二酸化炭素は温室効果ガスとして地球上を覆い，多くの生命体が誕生しやすい環境に変った。やがて10億年前，海中から植物が陸上に上がり，シダ類が太古の森を作った。

カンブリア期，5億年前頃，地球上に脊椎動物が出現，4.4億年前には陸上緑色植物と魚類が出現し，サンゴも繁殖した。石油は2〜5億年前ころ光合成で大繁殖した植物プランクトンや陸上植物などの生物の死骸が堆積され，やがて地中で石油となった。

デポン期，3.7億年前，両生類，シダ種子植物の出現，2億5千年前頃は恐竜の全盛期を経て約6500万年前に絶滅した。

そして人類は約500万年前に出現した。その間生き物は隕石の衝突，火山の爆発，氷河期と絶滅と生き残るもの，そこから新たな生命の誕生という，長い時を経て多くの生き物がつながりを持ちながら今日に至った。進化と絶滅を繰り返し，現在科学的に明らかな生物種は175万種であるが，未知な生物を含めると約3,000万種にも上る生物がくらしていると推定されている。

15-4　生物多様性—4つの危機

私たち人間は，多くの種類の生き物たちによって生態系の豊かさやバランスが保たれ成り立っていることに，そして多くのつながりの恵みを受けていることを意識せず，破壊し続けてしまった。今かなりのスピードで生態系は危機的状況に陥りつつある。

ここでは，生物多様性の進行する4つ危機について述べる。

第1の危機：人間活動や開発による危機

第2次世界大戦後の復興に始まった経済成長は，森林地域を切り開き，農地の拡大，道路の建設，工業用地の造成，都市化を拡大させた。山麓は木を切り倒し斑模様のように緑が抜けたゴルフ場が各所に建設された。海浜は埋め立てられ石油コンビナートや工場地帯となった。森を失うだけでなく，昆虫，貴重植物，鳥やウサギ，タヌキ，キツネ，リスなどの動物たちの生育，生息環境を喪失してしまった。湧水は少なくなり，河川の汚濁は進行し多くの生物を失った。もちろん，山野草の乱採取，貴重昆虫や，動物の乱獲も大きい。

モリアオガエル　　　　　　　モリアオガエルの卵塊

第 2 の危機：自然に対する人間のかかわりの縮小による危機

　かつては山と森林，里山・里地の雑木林，田んぼ・畑という関係において，自然との強いつながりのなかで人々はくらして来た。ナラ，ミズナラ，クヌギなどの雑木は間伐しながら炭を焼き，薪は釜戸やストーブの燃料として使われ，あるいはシイタケやナメコの菌種を植え付ける原木としても多く使われていた。ガスや電気の普及による生活様式も変り山に人の手が入らなくなった。また山間地域の人口減少と高齢化が森林の作業を困難にしている。

　一方，農村の過疎化と 65 歳以上の人口が 50 ％にもなり，高齢化は耕作放棄地を拡大し，村外に居住する人も多く，いわゆる限界集落が急速に増え，総務省の調査によると全国で 1 万を超えているという。農地や田んぼは人の手が入らず荒れ地となり，本来の里山が崩壊状態になっている。もちろん生態系の様相も大きく変化している。シカやイノシシなどの分布が拡大して農林業に大きな被害をもたらしている。

　稲作の効率生産を追求し，圃場整備が全国的に進められ，多くの里山・里地が崩され，小川は U 字管や暗渠型のコンクリートの水路で繋がった広大な田んぼに変り，メダカやスジエビなどの水生生物，ホタルやトンボなどの生息環境が奪われた。カエルの仲間も種によっては大きく減少しつつある。

第 3 の危機：人によって持ち込まれた外来種や化学物質などによる危機

　外来種の動物や植物，農薬などの化学物質などを人為的に持ち込むことによって生態系の撹乱を起こす危機である。釣り人が湖沼やダム湖に外来種のブラックバス，ブルーギル，オオクチバスやコクチバスなどを放流したものが繁殖力旺盛で地域固有種の生息・生育場所や餌を奪ったり，近縁種と交雑し，遺伝的撹乱をもたらすなど生態系を脅かしている。

　2010 年 3 月，佐渡島のトキの野生化順化ゲージのトキがテンに襲われ 9 匹が死んだ。テンは 1959 年（昭和 38 年）に新潟県農水部が野ウサギや野ネズミを駆逐するために島に放したもので，生息力が強くその密度が高くなった。いわゆる国内外来種と言われるものである。沖縄のマングースも 1910 年ハブの退治のためインドから 21 匹を沖縄本土

に持ち込んだことに始まる。ところがマングースはハブを捕食せず，野鳥，鶏，アヒル，さらには貴重なヤンバルクイナにも影響を与えている。

　セイタカワダチソウ，アレチウリ，ホテイアオイそしてワルナスビなどの外来植物が繁茂し，多くの地域古来の在来植物が消滅しているのもある。その外来植物は 2002 年頃には 1600 種にもなっていることがわかった。

　1948 年頃から殺虫剤として DDT（ジクロロジフェニールトリクロロエタン）や BHC（ベンゼンヘキサクロライド）が，除草剤として CNP（クロロニトロフェン）が 1965 年ころから用いられたが，その効果はあったものの人だけでなく動物への蓄積性が高く生態系への影響が大きく，DDT と BHC が 1971 年に，CNP が 1996 年に失効となっている。これらの化学物質は不純物として強毒性のダイオキシン類が含まれ，今なおそのダイオキシン類が残存し河川の底質から検出されることが多い。

第 4 の危機：地球温暖化による危機

　地球温暖化による生態系への影響の危機である。日本の気候帯は 1 年で約 4 ～ 5 km も移動していると見られる。寒冷地に生育するブナが生育できる場所は岐阜県の日本海側中央山脈から北上北海道の函館地域までであるが，このままの気温上昇で進と，70 ～ 90 年後には生育分布が見られなくなる危険性が指摘されている。独立行政法人国立環境研究所の報告によると「生物季節」と言われる植物の開花，例えば桜のソメイヨシノ開花が数日早くなり，イロハカエデの紅葉は逆に 2 週間ほど遅くなっているという。2010 年 9 月に福島県いわき市でナガサキアゲハが発見されたと話題になった。すでに紀伊半島では発見されているが，自然に北上したのか，食草のミカン科ミカンやカラタチの木の葉に幼虫やさなぎが着いてきたのかは不明であるが，生育できる温度帯であると言うことである。海水温が上昇して 1998 年ころからサンゴの白色が見られるようになり，死滅化が危惧されている。

　2010 年には，稲作にも高温障害と思われる乳白米や胴割米などの外観品質低下現象が新潟県などで多く発現した。

15-5　外来種と生物多様性への危機

　人間の諸活動，都市化や元来人の入らなかった山間地に及ぶ道路や河川整備と開発などにより，自然環境が改変し，移動能力の小さい在来生物の生息・生育環境に，外来生物が定着し，いわゆる侵略し生態系の撹乱が起り，農業被害や生態系被害が危機的な状態になっている。

　2005 年 6 月に特定外来生物による生態系，人の生命・身体の保護，農林水産業への被害防止と健全なる発展，生物の多様性の確保を目的に図 15-1 に示されるような「特定外来生物による生態系等に係る被害の防止に関する法律（外来生物法）」が施行された。「特定外来生物」に指定された外来生物は野外へ放つことが禁止されるとともに，飼育，

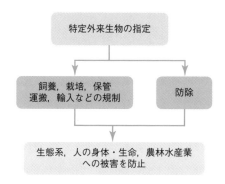

図 15-1　外来生物法の流れ

栽培，保管，運搬，輸入も原則として禁止である。

　特定外来生物は，生きているものに限られ，個体だけでなく，卵，種子，器官なども含まれる。

　外来生物は，国内に入るケースは次のようにあげられる。

① ペットや観賞魚，釣り・ゲームフィッシングなどのレジャー用

　　＜主な生物例＞カミツキガメ，イグアナ，キョクトサソリ，アメリカザリガニ，オオクチバス，コクチバス，ソウギョなど

② 食　用

　　＜主な生物例＞ブルーギル，ブラックバス，ウシガエル，アメリカザリガニ，ウチダザリガニ

15-6　地球温暖化と生物多様性への危機

　温暖化は生物多様性への影響も深刻である。気温の変化によって，様々な生き物の生育分布域や，植物の開花と昆虫の受粉のタイミングの時期にずれが生じ結実に影響を及ぼしている。本来寒さに弱いクマゼミは北上し，現在は北関東から北陸地方にも生息している。

　白山国立公園の夏まで残雪に覆われる高山に分布するクロユリやハクサンコザクラなどの雪田植生の適地が，このままの温暖化が進めば 2070 年代には消滅すると予測されている。同じように日本の高山に分布するコマクサも同様である。

　IPCC 第 4 次評価報告書では，北極の年平均海氷面積は 10 年当たりで 2.7 %（2.1 〜 3.3 %）縮小し，特に夏季においては，10 年当たり 7.4 %［5.0 〜 9.8 %］と大きくなる傾向にある。この ［ ］ の中の数字は最良の評価を挟んだ 90 %の信頼区間である。アメリカの魚類野生生物局は，海氷の変化が予測どおり進むと，21 世紀中頃までに，全世界のホッキョクグマの生息数の 3 分の 2 が失われると推測している。また，IPCC 同報告書では，約 1 〜 3℃の海面水温の上昇は，より頻繁なサンゴの白化現象と広範な死滅をもたらすと予測されている。

さらに，生物の生息基盤である海洋や森林にも変化が起きている。産業革命以前，大気中の二酸化炭素濃度が280 ppmであった頃の表面海水のpHは8.17程度であったが，二酸化炭素濃度が390 ppmに達した現在，pHはすでに8.06程度にまで低下している。海洋には，炭酸カルシウムの殻や骨格をもつ生物が多くいる。例えば，貝は防御のために殻をつくり，魚はからだのバランスを保つ耳石に炭酸カルシウムを利用している。サンゴは炭酸カルシウムの骨格を残して次の世代を育てる。しかし，大気から溶け込み海水の二酸化炭素濃度が高まると二酸化炭素から生ずる酸（H^+）によって，炭酸カルシウムの原料である炭酸イオン（$CO_3{}^{2-}$）が中和されて濃度が下がり，炭酸カルシウムの生成が難しくなることが危惧されている。

またサンゴの体内に0.01 mm程度の大きさの褐虫藻（カッチュウソウ）が共生しており，陸上の植物同様，海水中の二酸化炭素を吸収して光合成を行い，サンゴの成長に必要な栄養分を供給している。ところが海水温が高くなると褐虫藻はサンゴから抜け出してしまい，栄養のないサンゴは白化現象を起こし，死滅にいたる。褐虫藻は陸上の森林と同様，相当量の二酸化炭素を吸収しているとされている。また，海水面が上昇した場合，海面からの太陽光の光が弱くなり，褐虫藻の光合成に影響し，サンゴの死滅も懸念されている。

地球上の二酸化炭素量が450 ppmを超えると，気温が2℃上昇するとともに，海水のpHが低下しサンゴ礁など海洋生物に決定的打撃を与えることは必至である。現在の二酸化炭素濃度は地域にもよるが400 ppmを超えるのが時間の問題となっている。

気象庁は，岩手県大船渡市綾里，東京都小笠原村南鳥島，沖縄県八重山郡与那国島の国内3地点で，大気中の二酸化炭素濃度の観測を実施している。これらの観測の結果，2010年の年平均値は3地点でそれぞれ393.3，390.5，392.7 ppmとこれまでで過去最高となった。この10年間（2001〜2010年）では3地点の平均で2.0 ppm/年の割合で増加を続けている。

15-7 過剰窒素の循環と生物多様性

先に1-4-2「窒素の循環」の項において，人間活動により，生態系に大量の固定窒素が蓄積されおり，ことに農業生産の圃場は窒素分が超過剰状態になっていることを述べた。

2007年（平成19年）度版「環境・循環型社会白書」において大規模な化学肥料の生産や農作物の栽培，燃料の燃焼等など，人間活動により生態系に大量の固定窒素が蓄積されている。この窒素固定量は，陸上の生態系が自然に固定する窒素の量と同程度とも言われ，将来的には更に増大すると予測されると述べている。固定窒素の蓄積の大きな要因は化学肥料由来窒素に加え，家畜排せつ物由来の窒素の量が大きく関わっている。

家畜排せつ物に含まれる窒素の流れは，これまでの調査結果から試算すると，平成16

年の時点で，概ね3分の1が大気中へ揮散し，3分の2が土壌改良資材や肥料として農地で還元利用されていると見られる。

　農水省畜産企画課の調査によると，全国の家畜排せつ物の発生量は，窒素量に換算して年間約70万tと推定されている。この内，畜舎内や処理・保管の過程で大気中に揮散するのが約21万t，たい肥化等により農地に還元利用されるのが約47万t，汚水物を浄化して放流されるものや，その他で2万tと試算されている。この関係を図15-2に示し

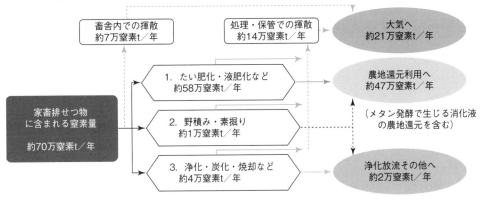

図 15–2　家畜排泄物に含まれる窒素の流れ
出典：農水省資料（畜産企画課）

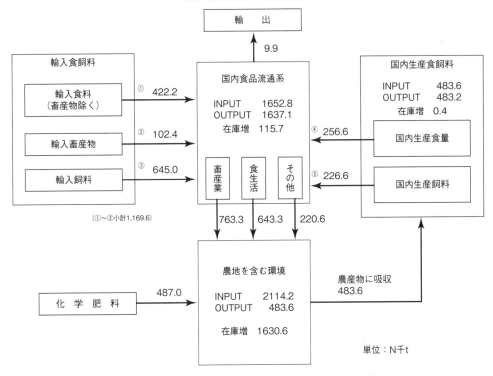

図 15–3　国内食品産業流通系の窒素収支（2000 年）
（（財）日本農業水土総合研究所　「水土の知」を語る　Vol.8 循環型社会の形成は活発で健全な農業生産活動から）

た。

　2000年のデータではあるが，窒素の循環から国内食品窒素流通量の窒素収支を図15-3に示した。2010年レベルと比較し量的変化は少ない。

　2000年の農地を含む環境へ流出した窒素のうち，国内生産食・飼料から国内食品産業流通系を経由して，農地を含む環境へ流入する窒素は48万3千tであり，これは，農作物に吸収される窒素48万4千tとほぼ同量である。したがって，輸出農産物および在庫増分に含まれる窒素（9,900t＋1万5,700t）を除いたものが，輸入食・飼料中の窒素量117万7,000tであり，国内生産食・飼料48万3千tの2.4倍になる。さらに農地投入化学肥料の窒素量48万7,000 N t/年が加わる。一方，農地から作物へ吸収される窒素量は48万3,600tで，差し引き，そのまま農地を含む環境へ163万1,000tの窒素が留まることになる。なお2004年時点での家畜排せつ物由来の窒素のうち，農地還元量は約47万N t/年である。その他の窒素供給源としては食品産業廃棄物，家庭系生ごみ，かんがい用水，窒素固定分がある。

　飼料の自給率は2019年度の場合25％で，75％は輸入である。したがって膨大な量の窒素を輸入し，国内の環境は超過剰に蓄積された窒素状態に陥っている。

　さらに窒素の農地還元において深刻な問題がある。それは腐敗物同様の不完熟な堆肥もどきや重金属汚染が懸念される下水汚泥が農地に投入されていることである。いわゆる農地が家畜排せつ物と下水汚泥の投棄場になっていることである。地下水の硝酸や亜硝酸による汚染，河川へのアンモニアや硝酸態窒素の流入による富栄養化，そして投棄圃場での外来植物の繁茂，微生物を含めた生態系への影響は計り知れない。また大気中へ放出される窒素は再び地上に窒素固定されるだけでなく，N_2Oなどの地球温暖化への寄与率の高い物質へと変換する。

　過剰な窒素を減らすことが，二酸化炭素の低減と同様重要課題であることは言うまでもない。その大きな排出源である家畜排せつ物とその堆肥のもとなる家畜飼料の輸入量を減らし，自給飼料率を高める政策を急ぐことである。

15-8　生物多様性条約とCOP

　「生物多様性に関する条約」（生物多様性条約）は，1992年5月ナイロビで開催された条約交渉会議で採択，1922年6月リオデジャネイロで開催された国連環境開発会議（地球サミット）において，砂漠化対処条約，気候変動条約とともに誕生した。熱帯雨林の急激な減少，砂漠化，種の絶滅への進行と地球温暖化が，さらに多くの種の生物資源の消失を加速させることは人類の生存に欠かせない生物資源の消失へ繋がる危機感が高まった。ラムサール条約，ワシントン条約などの特定の地域・種の保全の取り組みだけでは生物の多様性の保全が図れないとの認識から，国際的に生物全般の保全に関する包括的な国際的枠組みを設けることが必要と策定された。

　条約採択までの交渉で，遺伝資源から得られる利益配分について途上国が主張し，結果として，各国は自国の天然資源に主権的権利を有することが認められ，遺伝資源から生ずる利益配分に関する第3の目的が組込まれた。このような成立経緯から，遺伝的資源利用先進国である米国は，自国のバイオテクノロジー産業に影響を及ぼすものとして条約を2016年12月現在締結していない。

　1993年5月に日本が条約を締結，1993年12月に条約発効し，2016年12月現在194カ国，欧州連合（EU）及びパレスチナが締結している。条約事務局はカナダのモントリオールにある。

　以下に条約の概要を示す。

1)　生物多様性条約の3つの目的
　　①　生物多様性の保全
　　②　生物多様性の構成要素の持続可能な利用
　　③　遺伝資源の利用から生ずる利益の公正で衡平な配分 ABS（Access and Benefit Sharing）

2)　保全と持続可能な利用のための一般的措置
　　・生物多様性国家戦略の策定
　　・重要な地域・種の特定とモニタリング

3)　保全のための措置
　　・生息域内保全：保護地域の指定・管理，生息地の回復など
　　・生息域外保全：飼育栽培下での保存，繁殖，野生への復帰
　　・環境影響評価の実施

4)　持続可能な利用のための措置
　　・持続可能な利用の政策への取組み
　　・利用に関する伝統的・文化的慣行の保護・奨励

5)　技術移転，遺伝資源利用による利益の配分
　　・遺伝資源保有国に主権を認める
　　・資源利用による利益を資源提供国と資源利用国が公正かつ衡平に配分
　　・途上国への技術移転を公正で最も有利な条件で実施

6)　共通措置
　　・奨励措置
　　・研究と訓練
　　・公衆のための教育と啓発
　　・技術上および科学上の協力

7)　バイオテクノロジーの安全性
　　・バイオテクノロジーによる操作生物の利用，放出のリスクを規制する手段を確立

COP（Conference of the Parties）と COP10

生物多様性条約では，条約の締約国がおおむね 2 年ごとに集まり，各種の国際的な取組みを策定する会議（COP）を開くことになっている。COP10「生物多様性条約第 10 回締約国際会議」が 2010 年 10 月に名古屋で開催された。

2010 年は，国連が定めた「国際生物多様年」（IYB: International Year of Biodiversity）であり，2002 年の COP6（オランダ・ハーグ）で採択された「締約国は現在の生物多様性の損失速度を 2010 年までに顕著に減少させる」という目標年でもあった。

成果として次の 2 つがあげられる。

① 生物多様性の保全のために 2010 年以降に締約国が取り組むべき目標である「愛知目標」として 2050 年までの長期目標と 2020 年までの短期目標が定められた。

② 遺伝的資源の取得と利益配分（ABS ： Access and Benefit-Sharing）に関する「名古屋議定書」が採択された。この ABS が，途上国の熱帯雨林などに存在する遺伝資源を利用して，先進国が医薬品や食品に利用した場合，その利益を先進国の企業だけでなく資源国である途上国にも配分することが定められた。

名古屋での COP10 以後の締結国会議（COP）は第 11 回（COP11）が 2012 年 10 月にインドのハイデラバードで，第 12 回（COP12）は，2014 年 10 月に韓国の平昌で，第 13 回（COP13）は 2016 年 12 月メキシコのカンクンで開催された。2021 年 10 月には中国雲南省昆明市で開催された。

遺伝資源とは

生物多様性条約の中でよく使われている用語であるが，「有用生物資源」の意味で，人類は生物種（微生物，植物や動物など）の中から有用なものを選び利用して来た。いわゆるそれぞれの生物種の持つ固有の形質の総体を"遺伝資源"というものである。

人類は動植物や微生物を利用し，食糧の生産・加工あるいは保存を，カイコの繭から繊維を作り，植物の根・茎・葉・実から薬用成分を抽出して医療に使い，その有効成分を化学合成して医薬品の生産に活用して来た。また建築工芸資源としても建材や家具に使っている。われわれ人類は遺伝資源に支えられ命を世代から次世代へと継承，文化・経済を発展させてきた。

15-9　生物多様性と国家戦略

「生物多様性国家戦略」とは，生物多様性の保全及び持続可能な利用に関する国の基本計画にある。

日本は 1995 年（平成 7 年）に，「生物多様性条約」に基づく初めての生物多様性国家戦略を決定し，2002 年，2007 年に見直しが行われた。

その後，2008 年（平成 20 年）6 月に「生物多様性基本法」（平成 20 年法律第 58 号）が施行され，法律上でも生物多様性国家戦略の策定が規定されたことから，2009 年（平成 21 年）7 月 7 日付けで，環境大臣より中央環境審議会会長に対して，同法に基づく生

物多様性国家戦略の策定について諮問を行い，審議を経て環境大臣に答申された。

この答申を踏まえ，2010年3月16日に，政府として「生物多様性国家戦略2010」を閣議決定した。2020年1月から「次期生物多様性国家戦略研究会」を立ち上げ「次期生物多様性国家戦略」の策定準備を行っている。

生物多様性国家戦略 2012-2020 の要点

平成22年10月に開催された生物多様性条約第10回締約国会議（COP10）で採択された愛知目標の達成に向けた我が国のロードマップを示すとともに，平成23年3月に発生した東日本大震災を踏まえた今後の自然共生社会のあり方を示すため，「生物多様性国家戦略2012-2020」を平成24年9月28日に閣議決定した。

この戦略のポイントは次のとおりである。

1．愛知目標の達成に向けた我が国のロードマップを提示

愛知目標の達成に向けた我が国のロードマップとして，年次目標を含めた我が国の国別目標（13目標）とその達成に向けた主要行動目標（48目標）を設定するとともに，国別目標の達成状況を測るための指標（81指標）を設定。

2．2020年度までに重点的に取り組むべき施策の方向性として「5つの基本戦略」を設定，これまでの生物多様性国家戦略の4つから，新たに科学的基盤の強化に関する項目を追加

—5つの基本戦略—

（1）生物多様性を社会に浸透させる

（2）地域における人と自然の関係を見直し・再構築する

（3）森・里・川・海のつながりを確保する

（4）地球規模の視野を以て行動する

（5）科学的基盤を強化し，政策に結びつける（新規）

3．今後5年間の政府の行動計画として約700の具体的施策を記載

しかし，2012年に策定された生物多様性国家戦略は，2020年度を計画の終了年次としていることから，環境省では，次期国家戦略の策定に向けた検討を行っている。それに先立ち，生物多様性国家戦略の長期目標である2050年の自然との共生の実現に向けた今後10年間の主要な課題や対応の方向性について，幅広い観点から有識者のご意見を伺うことを目的として，「次期生物多様性国家戦略研究会」を設置し，検討を進めている。

この「次期生物多様性国家戦略研究会」を2020年1月より開催してきており，次期生物多様性国家戦略の策定に向けた課題の洗い出し及び方向性を示す研究会からの提言として取りまとめられその内容が公表された。（令和3年7月30日）

その概要は次期生物多様性国家戦略の策定に向けて，中央環境審議会（以下「審議会」という。）での検討に先立ち，生物多様性に関する今後10年間の主要な課題や対応の方向性について，幅広い観点から有識者のご意見を伺うことを目的として，2020年1月に

「次期生物多様性国家戦略研究会」を設置し，これまで9回開催された。

　本研究会により「次期生物多様性国家戦略研究会報告書」が取りまとめられた。次期生物多様性国家戦略の検討のための資料として，目指すべき2050年の自然共生社会の姿と2030年までに取り組むべき施策が整理された。

　(1) 2030年までに取り組むべきポイントとして以下が示されました。

・保護地域外の保全や絶滅危惧種以外の種（普通種）の保全による，国土全体の生態系の健全性の確保

・気候変動を含めた社会的課題への自然を活用した解決策の適用

・生物多様性損失の間接要因となる社会経済活動への対応として，ビジネスやライフスタイル等の社会経済のあり方の変革

　(2) これまで令和2年1月から令和3年6月まで9回討議した主な内容は

① 2050年の自然との共生の実現

② 生物多様性国家戦略の構成と課題設定

③ 人口減少下で国土利用のあり方と自然と共生した安心・安全な地域づくり

④ 身近な地域から地球規模までの自然資源利用における持続可能性の確保

⑤ 生存基盤である生態系のレジリエンス確保と新たなリスクへの対処

⑥ 身近な暮らしに提供される自然の恵みの確保と自然に配慮したライフスタイルへの転換

⑦ ポスト2020生物多様性枠組の策定に向けた国際的な検討を踏まえた，自然共生社会の実現に向けた方策と基盤正義

⑧ 生物多様性と関連した施策が必要と指摘される最近の課題（新型コロナウイルス感染症や2050年カーボンニュートラル等）への対応

■参考文献

1)「環境白書　平成28年版」，環境省（2016）.

2)（株）ビオシテイ，『生物多様性国家戦略2010』，環境省（2010）.

3) 日経エコロジー編，『生物多様性読本』，日経BP社（2009）.

索　引

編著者略歴

及川 紀久雄（おいかわ きくお）

1967年　千葉大学大学院薬学系修士課程修了
現　在　新潟薬科大学名誉教授　工学博士

著者略歴

今泉 洋（いま いずみ ひろし）

1977年　新潟大学大学院工学研究科修士課程修了
現　在　新潟大学名誉教授　工学博士

北野 大（きたの まさる）

1972年　東京都立大学大学院工学研究科博士課程修了
現　在　秋草学園短期大学学長　工学博士
　　　　淑徳大学名誉教授

村野 健太郎（むらの けんたろう）

1975年　東京大学大学院理学系研究科博士課程修了
現　在　京都大学地球環境学堂研究員　理学博士
　　　　元法政大学生命科学部環境応用化学科教授

新 環境と生命［改訂2版］（しん かんきょう せいめい）

2012年 4 月 1 日　初版第1刷発行
2016年 9 月15日　初版第3刷発行
2017年 3 月25日　改訂第1刷発行
2019年 4 月20日　改訂第2刷発行
2022年 4 月10日　改訂2版第1刷発行

© 編著者　及　川　紀久雄
　発行者　秀　島　　　功
　印刷者　萬　上　孝　平

発行所　三 共 出 版 株 式 会 社　東京都千代田区神田神保町 3 の 2
振替00110-9-1065
郵便番号101-0051　電話03-3264-5711（代）　FAX 03-3265-5149
https://www.sankyoshuppan.co.jp/

一般社団法人 日本書籍出版協会・一般社団法人 自然科学書協会・工学書協会　会員

Printed in Japan　　　　　　　　　　　　　　　　印刷・製本　恵友印刷

ISBN 978-4-7827-0816-3